Die LIEBLINGSAUTOS der Deutschen

Die LIEBLINGSAUTOS der Deutschen

HEEL

HEEL Verlag GmbH
Gut Pottscheidt
53639 Königswinter
Tel.: 02223 9230-0
Fax: 02223 9230 -26
E-Mail: Info@heel-verlag.de
Internet: www.heel-verlag.de

Verantwortlich für den Inhalt:
Christian Schön

Gestaltung, Satz und Lithographie:
Ralf Kolmsee
F5 Mediengestaltung
Königswinter

Printed in Czech Republic

ISBN 978 3 86852 292 1

Inhalt

Gebr. Helf Essen
Spezialtransporte
Güterfernverkehr
NWL / 1323dü
Standort ESSEN

200 D
1013
E-HD 22

Vorwort

Wann haben Sie zum letzten Mal einen Simca 1308 gesehen? Ist wahrscheinlich schon lange her, schließlich ist die französische Limousine aus dem Straßenverkehr praktisch verschwunden. Dabei ist es noch gar nicht so lange her, dass Simca – und die zugehörigen Marken Chrysler und Talbot – eine der beliebtesten Importmarken der Deutschen war. Rund 550.000 Autos verkauften die Franzosen alleine in den 1970er Jahren in der Bundesrepublik.

Dies ist nur eine von vielen Überraschungen, die in den Aufzeichnungen des Kraftfahrtbundesamtes (KBA) verborgen sind. Die Listen der Flensburger Statistiker, die jedes einzelne in Deutschland zugelassene Fahrzeug erfassen, bilden die Grundlage für dieses Buch. Unbestechlich und ungetrübt von subjektiven Wahrnehmungen verraten sie, was unsere Lieblingsautos waren und sind.

Das KBA begann in den 1960er Jahren mit seiner Datenerfassung. Damals mehr oder weniger mit penibel per Hand geführten Listen. Der Aufteilung war noch relativ grob. Von den Importmarken beispielsweise wurden lediglich Gesamtzahlen verewigt. Die Mühe, die Daten in einzelne Fahrzeugmodelle aufzuschlüsseln, machten sich die Statistiker nur bei den einheimischen Marken.

Mit dem Aufkommen der elektronischen Datenverarbeitung wurden die Listen immer präziser und differenzierter. Heute werden sogar Cabriolets oder Fahrzeuge mit Dieselmotor extra aufgeführt.

Der Blick in die Statistiken des KBA ist gleichzeitig eine unvergleichliche Reise in 50 Jahre deutsche Gesellschaftsgeschichte. Bemerkenswert, dass noch in den 1960er Jahren Luxusfahrzeuge quasi keine Rolle spielten, während Kleinstwagen wie der Fiat 500 oder das Goggomobil praktisch den Markt beherrschten. Ein Jahrzehnt später waren diese Winzlinge quasi vom Markt verschwunden. Dafür spielte sich rund um den VW Golf eine völlig neue Fahrzeugkategorie in den Vordergrund. In den 1980er Jahren gönnten sich die Deutschen wieder was. Plötzlich tauchten preiswerte Sportwagen wie Opel Manta, Ford Capri oder VW Scirocco zu Zehntausenden auf unseren Straßen auf. Gleichzeitig erreichten auf einmal Geländewagen, bis dahin höchstens für gewerbliche Nutzer ein Thema, nennenswerte Stückzahlen.

In den 1990er Jahren zeigen die KBA-Statistiken eine Trendwende. Unter dem Eindruck steigender Spritpreise und gewachsenen Umweltbewusstseins feierten Kleinstwagen ein Comeback. Allerdings hatten Smart, Renault Twingo und Ford Ka nur noch wenig mit ihren Vorläufern vergangener Epochen zu tun. Die KBA-Listen zeigen aber auch die größer werdende Kluft, die sich quer durch die deutsche Gesellschaft zieht. Während nämlich einerseits Smart und Co. zu Verkaufsschlagern werden, findet auch eine Riesenschiff wie die Mercedes-Benz S-Klasse der Baureihe W 140 immer mehr Kunden. Im 21. Jahrhundert überbieten sich die Hersteller schließlich damit, immer neue Nischen zu erfinden. Geländewagen werden mit Coupés gekreuzt, Kompaktlimousinen mit Transportern, und Cabriolets müssen plötzlich hochkomplizierte Dachkonstruktionen aus Stahlblech haben.

Anhand der Statistiken des Kraftfahrtbundesamtes lässt sich genau belegen, welches Fahrzeugkonzept ein Erfolg war. Und so gibt dieses Buch einen kompletten Überblick über die Autos, die in der Bundesrepublik seit 1960 eine entscheidende Rolle gespielt haben. Außerdem werfen wir einen Blick auf wichtige Ereignisse und Entwicklungen innerhalb des Gesamtkomplexes Auto und Verkehr. Wir wünschen Ihnen viel Spaß bei der Reise durch fünf Jahrzehnte deutscher Automobilgeschichte.

Die 1960er

Die 1970er

Die 1980er

Die 1990er

Die 2000er

B-ME 690
ACHTU
Sie verlass
WEST-B

1960-1969

Man gönnt sich wieder was

Mit Deutschland geht es aufwärts. Die Spuren des Zweiten Weltkriegs sind nun weitgehend beseitigt. Die Wirtschaft brummt, die Menschen haben wieder Geld zur Verfügung. Und ganz oben auf so mancher Wunschliste steht ein neues Auto. Nach einem Jahrzehnt des Spagats zwischen Kleinstwagen à la Fiat 500, BMW Isetta oder Lloyd auf der einen und sündhaft teuren Edelkarossen à la BMW 501, Mercedes 300 SL oder Rolls-Royce Silver Cloud auf der anderen Seite haben die Hersteller nun die Chance, wieder verstärkt Mittelklasse-Limousinen zu verkaufen.

Ford Taunus (Baureihe P4 ab 1962), BMW 1500 (1961) für „Otto Normalverbraucher" sowie Audi 100 (1968) und Mercedes 200/8 – der so genannte Strich-Achter (1968) – für die „Besserverdiener" werden die Stars des Jahrzehnts. Wer sich ein sportliches Image verpassen will, greift zum Ford Capri (1968), zur Alfa Romeo Giulia (1962), zum Opel GT (1968) oder gleich zum Porsche 911 (1964). In der Formel 1 geht der Stern von Jochen Rindt auf, bis einer der vielen in dieser Zeit üblichen tödlichen Unfälle seiner steilen Karriere ein schreckliches Ende setzt.

Ein anderer Todesfall lässt gleich die ganze Welt stillstehen – am 22. November 1963 wird der amerikanische Präsident John F. Kennedy erschossen. Das Attentat auf den Hoffnungsträger einer ganzen Generation ist traurige Begleiterscheinung des Kalten Krieges zwischen den USA und der UdSSR, der in Vietnam neben unzähligen Zivilisten auch Zehntausenden von Soldaten das Leben kostet und während der Kuba-Krise an den Rand einer atomaren Auseinandersetzung zwischen den beiden Supermächten führt.

Vor allem unter Studenten wächst der Widerstand gegen derartiges Großmachtgehabe, dessen harmloseste Folge die erste Landung auf dem Mond ist (1969). Zu den Liedern der Beatles, der Rolling Stones und Jimi Hendrix geht die so genannte 68er Generation unter dem Motto „Make love, not war" auf die Straße. Das Hippiefestival in Woodstock (1969) wird zur Legende. Genauso wie Cassius Clay alias Muhammad Ali, der sich selbst bescheiden als „Größten Boxer aller Zeiten" sieht und dies tatsächlich auch wird.

Vor dem Hintergrund dieser gesellschaftlichen Umwälzungen gibt sich das Automobil erstaunlich bieder. Eine neue Sachlichkeit verdrängt die schwülstigen, chromüberladenen Formen der 50er Jahre. Fast so, als würden die Designer dem Credo des deutschen Wirtschaftsministers und späteren Bundeskanzlers Ludwig Erhard folgen. Für den Mitbegründer der Sozialen Marktwirtschaft ist Maßhalten das Geheimnis des Erfolges.

VW Käfer 1200

Stückzahl	250.000	500.000	750.000	1.000.000	1.500.0

Bestseller:
Er läuft und läuft und läuft ...

PLATZ 1

VW Käfer 1200/1500

Wie kein zweites Auto steht der bereits mehr als fünf Millionen Mal gebaute VW Käfer für das deutsche Wirtschaftswunder. Auch in den 1960er Jahren führt der Wolfsburger klar die Verkaufslisten an. Noch. Obwohl seine einfache, bereits über zwei Jahrzehnte alte Technik (luftgekühlter 1,2-Liter-Motor mit nur 30 PS im Heck, Pendelachse hinten, Leiterrahmen) allmählich nicht mehr zeitgemäß ist. Mit Verbesserungen wie größeren Motoren mit mehr Leistung (bis zu 1,5 Liter mit 44 PS), Automatikgetriebe und 12-Volt-Bordspannung (vorher 6 Volt) wird die Lebenszeit des Käfers verlängert.

Wusstten Sie schon?

Zwischen 1938 und 2003 werden rund 22 Millionen Käfer gebaut und in mehr als 150 Ländern verkauft.

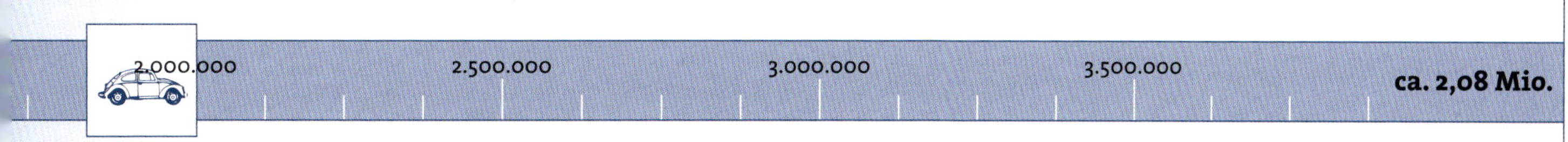

VW 1500

Stückzahl 250.000 500.000 750.000 1.000.000 1.500.0

PLATZ 2

VW 1500

Ab 1961 hat VW einen zweiten Pkw im Angebot, den 1500. Die als Typ 3 (Typ 1 ist der Käfer, Typ 2 der Transporter) bekannt gewordene, nur mit zwei Türen angebotene Limousine beruht weitgehend auf der Technik des Käfers. Anfangs kommt ausschließlich der 1,5-Liter-Motor (45 bis 54 PS) zum Einsatz. 1967 kommt ein 1,6-Liter-Vierzylinder mit 54 PS hinzu, der als erstes deutsches Auto über eine Benzineinspritzung verfügt. Die geänderte Bauweise des so genannten Flachmotors (Lüfterrad hinter dem Motor) ermöglicht außerdem den ersten Kombi von VW.

Wussten Sie schon?

1963 kostet der VW 1500 in der Kombiversion etwa 6300 D-Mark, 1000 D-Mark mehr als der Käfer.

2.000.000 2.500.000 3.000.000 3.500.000 **ca. 1,25 Mio.**

Opel Rekord B

Stückzahl 250.000 500.000 750.000 1.000.000 1.500.0

PLATZ 3

Opel Rekord (P2 / A / B / C)

Die Technik des Opel Rekord P2 mit Motoren von 1,5 Liter (50 PS) oder 1,7 Liter (55 bis 60 PS) Hubraum beruht noch auf dem Vorgänger P1, die Karosserie ist allerdings modernisiert. Angeboten werden neben der Limousine auch ein Kombi (Caravan) sowie ein Coupé. 1963 kommt der Rekord A zusätzlich mit einem 100 PS starken 2,6-Liter-Sechszylinder. Erst der Rekord B (1965) erhält neu entwickelte Motoren (1,5 bis 2,6 Liter, 60 bis 100 PS). Er wird schon ein Jahr später vom Rekord C abgelöst, der nun auch eine neue Karosserie (so genanntes Cola-Flaschen-Design) und verbesserte Technik bietet.

Wussten Sie schon?

Die Firmen Deutsch und Autenrieth bauen auf Basis des Coupés in kleiner Auflage auch Cabriolets.

2.000.000 2.500.000 3.000.000 3.500.000

ca. 1,14 Mio.

PLATZ 4

Opel Kadett (A / B)

Der Opel Kadett (Serie A) entsteht 1962 als Konkurrent zum VW Käfer. Der Plan geht dank größerem Platzangebot und modernerer Technik (wassergekühlter Motor mit 40 PS) auf. Angeboten werden Limousine, Coupé und Kombi. Vom Kadett B (ab 1965) gibt es sogar eine Version Rallye mit 90 PS aus 1,9 Liter Hubraum, die 170 km/h erreicht. Ganz unerhört für diese Zeit.

ca. 1,4 Mio.

PLATZ 5

Ford Taunus 17M (P3 / P5 / P7)

Der Taunus 17M P3 (für drittes Projekt der deutschen Ford-Tochter, 1960) erhält wegen seiner charakteristischen Karosserieform den Spitznamen „Badewanne". Die Motorenpalette reicht von 1,5 Liter (55 PS) bis 1,7 Liter (75 PS). 1964 kommt der Nachfolger (P5) mit neuen V4-Motoren (60 bis 70 PS). Bei der nächsten Generation P7 (ab 1967, bis 75 PS) verschwindet der Namensteil Taunus.

ca. 683.000

PLATZ 6

Ford Taunus 12M (P1 / P4 / P6)

Zu Beginn der 1960er Jahre ist der Taunus 12M („Streifen-Taunus") das Einsteigermodell des Kölner Herstellers. Sein 1,2-Liter-Motor leistet 38 PS. 1962 wird er durch die Generation P4 mit neuen V4-Motoren (bis zu 65 PS aus 1,5 Liter Hubraum) ersetzt. Der Taunus 12M P4 ist der erste Ford mit Frontantrieb. Beim Nachfolger P6 (1966) entfällt der Namenszusatz Taunus.

ca. 462.000

ca. 184.000

PLATZ 7 Mercedes-Benz 200 (W 110)

1965 ändert Mercedes-Benz die Modellbezeichnung der „Heckflosse" (siehe Platz 9: Mercedes 190) in 200. Während der Dieselmotor zuvor bereits 2,0 Liter Hubraum hatte, wächst der Benziner nun auf dieses runde Maß und erhält 95 PS. Optisches Unterscheidungsmerkmal sind geänderte Leuchten und weniger Chrom an den Heckflossen – sie kommen langsam außer Mode.

ca. 145.000

PLATZ 8 Ford Capri I

1969 präsentiert Ford ein europäisches Gegenstück zum amerikanischen Ford Mustang – den Capri. Das Fahrwerk stammt vom englischen Cortina, die Motoren zum Teil vom deutschen Taunus. Das Spektrum reicht von bescheidenen 50 PS bis zum RS 2600 mit 150 PS starkem V6 (1970). Der aufregend gestylte Sportwagen wird auf Anhieb ein riesiger Verkaufserfolg.

ca. 112.000

PLATZ 9 Mercedes-Benz 190 (W 110)

1961 löst Mercedes-Benz die Ponton-Karosserie durch ein Design mit markanten Heckflossen ab (Baureihe W110). Der Mercedes 190 D wird mit unverwüstlichem 2,0-Liter-Dieselmotor (55 PS) zum Liebling der Taxifahrer. Der 1,9-Liter-Benziner (80 PS) verkauft sich nur halb so oft. Die Sicherheitsausstattung (ab 1963 z. B. Zweikreis-Bremsanlage mit Scheibenbremsen vorne) ist ihrer Zeit klar voraus.

ca. 94.000

PLATZ 10 Ford 20M (P5/P7)

Der 20M – das M steht dabei wie bei allen anderen Taunus-Modellen für „Meisterstück" – ist ab 1964 der große Bruder von 12M und 17M. In der ersten Generation (P5) steht ausschließlich ein 2,0-Liter-V6-Motor mit 85 PS bzw. 90 PS im 20M TS zur Wahl. Ab 1967 (P7) kommt ein 2,3-Liter-V6 mit 108 PS (später 125 PS) hinzu. Angeboten werden neben der Limousine (zwei oder viertürig) auch ein Kombi und ein Coupé.

Fiat 1500

Importmarken:
Italien schlägt Frankreich

PLATZ 1

Fiat

In den 1960er Jahren verkauft Fiat neben den Kleinstwagen 500 (siehe Seite 31) und 600 auch das Mittelklassemodell 1100. Es bietet für einen günstigen Preis (rund 5500 Mark) vier Türen, einen großzügigen Innenraum mit sogar einer umklappbaren Rücksitzlehne. Zum wirtschaftlichen Erfolg trägt auch die Lizenzfertigung im Ausland bei, u. a. bei NSU-Fiat in Neckarsulm. Der Motor ist ein 1,1-Liter-Vierzylinder mit 48 PS, lediglich zwischen 1962 und 1966 wird das 1200er Triebwerk mit 50 PS des Fiat Granluce verbaut. Das Mittelklassemodell 1500 (1961 bis 1968) tat sich gegen die deutsche Konkurrenz schwer.

Wussten Sie schon?

Das Design des Fiat 1500 wird – angelehnt an ein amerikanisches Vorbild – „Corvair-Linie" genannt.

2.000.000 | 2.500.000 | 3.000.000 | 3.500.000 | **ca. 650.000**

Renault 8

PLATZ 2

Renault

Das staatliche Unternehmen Renault entwickelt sich zu einem der größten Hersteller Europas, 1969 beträgt die Jahresproduktion rund eine Million Fahrzeuge. Hauptumsatzträger ist neben dem R4 die Dauphine, die technisch auf dem Vorkriegsmodell 4CV beruht. Der kleine 850-Kubikzentimeter-Motor ist im Heck untergebracht, Tuner-Legende Gordini steigert die Leistung von 26 auf 36 PS. Ab Mitte der 60er Jahre bremsen Dauphine und die Luxusvariante Ondine vorne und hinten mit Scheiben – zu dieser Zeit eine Sensation für einen Kleinwagen. Parallel gebaut wurde der etwas größere R8, der zunächst ab 1962 mit 1,0- und später 1,3-Liter-Triebwerken auf den Markt kam.

ca. 580.000

Simca 1100

PLATZ 3

Simca

Die ursprünglich eigenständige Marke und heute fast vergessene Simca gehört seit 1958 zum Chrysler-Konzern. Sie bietet in den sechziger Jahren mit Erfolg eine Reihe von robusten, selbst entwickelten Fahrzeugmodellen an, zum Beispiel die beliebten Mittelklassemodelle 1300 (1,3-Liter-Motor mit 60 PS) bzw. 1500 (1,5-Liter-Motor mit 81 PS). Die viertürige, recht komfortabel ausgestattete Limousine findet auch in Deutschland viele Käufer. 1967 werden die geringfügig größeren Nachfolger 1301 und 1501 präsentiert. Vom 1301 gibt es auch einen Kombi (Break). 1967 kommt der modern konzipierte Simca 1100 mit Frontantrieb und Heckklappe in den Verkauf.

ca. 275.000

Peugeot 404

PLATZ 4

Peugeot

Die französische Marke Peugeot ist einer der ältesten Autohersteller der Welt (Serienproduktion seit 1891). Typisch ist die Namensgebung mit einer Null in der Mitte, die sogar einen Rechtsstreit mit Porsche – der 911 sollte ursprünglich 901 heißen – übersteht. In den 60er Jahren produziert Peugeot im Prinzip nur ein Modell, den 404. Erst am Ende des Jahrzehnts kommen der kleinere 304 und der größere 504 hinzu. Der 404 wird als Viertürer ein beliebtes Taxi, als Kombi und Pickup wird er zum unverwüstlichen Arbeitstier. Das Coupé und das Cabriolet sind Schmuckstücke.

ca. 160.000

Citroën 2CV

PLATZ 5

Citroën

Citroën hat zwei der Superstars der 60er Jahre im Programm – die Luxuslimousine DS und den Kleinwagen 2CV. Während die „Göttin" – französisch „déesse" als gesprochene Version von DS – mit ihrer revolutionären hydropneumatischen Federung den Begriff Fahrkomfort neu definiert, etabliert sich die „Ente" als Fahrzeug der Hippie-Bewegung. Der spartanische 2CV ist eigentlich eine Vorkriegskonstruktion. Anfang der 60er Jahre leistet sein 425-Kubikzentimeter-Zweizylindermotor 12 PS, die 1963 immerhin auf 16 PS ansteigen. 1975 fusionieren Citroën und Peugeot zum PSA-Konzern.

ca. 135.000

Notizen aus der Automobilwelt

Auf der Internationalen Automobilausstellung 1963 (IAA) in Frankfurt sorgt nicht ein PS-Protz, sondern ein kleines Cabriolet für Aufsehen. Unter der Haube des neuen NSU Spider arbeitet ein Wankelmotor. Eigentlich heißt die meist nach dem Erfinder Felix Wankel bezeichnete Konstruktion technisch korrekt Kreiskolbenmotor. In diesem äußerst kompakt bauenden Triebwerk dreht sich der Kolben im Kreis, anstatt sich wie in herkömmlichen Motoren in den Zylindern senkrecht zu bewegen. Die Folge ist ein turbinenartig weicher Lauf mit deutlich weniger Vibrationen. Der NSU Ro 80 (gebaut von 1967 bis 1977) ist das erste Großserienauto mit Einscheiben-Wankelmotor. Ebenfalls 1967 präsentiert Mazda im Modell Cosmo (in Deutschland nicht verkauft) einen Wankelmotor mit zwei Scheiben. Die schwer beherrschbare Technik führt jedoch zu häufigen Motorschäden, das theoretisch dem Hubkolbenmotor überlegene Prinzip kann sich nicht durchsetzen. Heute ist der Mazda RX-8 das einzige Großserienfahrzeug mit Wankelmotor.

Die deutsch-deutsche Teilung wird mit dem Mauerbau im Jahr 1961 im wahrsten Sinne des Wortes zementiert. Damit geht auch die Automobilindustrie in der DDR endgültig ihren eigenen Weg. Im ehemaligen Werk der Auto Union in Zwickau wird der Trabant gebaut. 1964 wird das Modell 601 (Kunststoffkarosserie, 600-Kubikzentimeter-Zweitaktmotor mit 26 PS) präsentiert. Praktisch einzige Alternative aus heimischer Produktion ist der in einem ehemaligen BMW-Werk in Eisenach gefertigte Wartburg. Angetrieben wird das 1965 vorgestellte Modell 353 von einem Einliter-Zweitaktmotor mit 50 PS. Die Ingenieure beider Firmen stellen intern zwar immer wieder technische Neuentwicklungen vor. Materialknappheit und politische Vorgaben führen allerdings dazu, dass Trabant 601 und Wartburg 353 bis zum Fall der Mauer 1989 in nahezu unveränderter Form gebaut werden.

In Amerika sind sie ein Publikumsmagnet, in Deutschland werden sie nur zögerlich angenommen – Autokinos. Offensichtlich sind US-Straßenkreuzer für den häufig eigentlichen Grund des Kinobesuchs – die im Vergleich zum Elternhaus größere Privatsphäre... – besser geeignet als VW Käfer oder NSU Prinz. 1960 eröffnet in Gravenbruch bei Frankfurt das erste – und heute noch geöffnete – Autokino Deutschlands, mehr als etwa zwei Dutzend werden es nie.

Seit Erfindung des Automobils haben wagemutige Piloten den Geschwindigkeitsweltrekord schrittweise in immer abenteuerlichere Höhen geschraubt. Ende der 1940er Jahre ist mit den bis dahin recht konventionellen Rekordfahrzeugen (Verbrennungsmotor oder Turbine, Antrieb über Räder) augenscheinlich mit knapp über 600 km/h eine Grenze erreicht worden. Anfang der 1960er Jahr tauchen die ersten Boliden mit Jetantrieb auf dem für Rekordversuche meist genutzten Salzseen bei Bonneville im US-Bundesstaat Utah auf. Craig Breedlove setzt mit „Spirit of America" 1963 dank Düsenantrieb erstmals wieder eine neue Bestmarke (657 km/h). Damit sie anerkannt wird, müssen allerdings zunächst die Regeln geändert werden: Ab sofort brauchen Rekordfahrzeuge nicht mehr über die Räder angetrieben werden. Bereits 1965 fällt die 900-km/h-Marke. Doch diese Rekorde interessieren immer weniger Menschen, Sponsoren wenden sich anderen Abenteuern zu. 20 Jahre lang wird kein neuer Rekord aufgestellt.

Die Hippies der späten 1960er Jahre provozieren das Establishment selbstverständlich auch mit ihren Fahrzeugen. Und das mit Erfolg. Die grellbunte Bemalung der Flower-Power-Vehikel lässt beim damaligen Verkehrsminister Georg Leber sogar den – letztendlich vergeblichen – Wunsch nach einem gesetzlichen Verbot aufkeimen. Besonders beliebt sind VW Bus – vor allem für das Campen am Rande von Open-Air-Konzerten und anderen Happenings – und Citroën 2CV, die sogenannte Ente. Im Ausland fahren Hippies außerdem gerne VW Käfer, der in Deutschland aber als viel zu gewöhnlich angesehen wird.

Die 1960er Jahre sind die Heydays der heute beinahe vergessenen Sportwagen-Weltmeisterschaft. Hunderttausende von Fans pilgern an den Nürburgring, um beim 1000-Kilometer-Rennen die Werksteams von Ferrari, Porsche, Maserati, Lotus und Alfa Romeo oder Exoten wie Lola, Chevron und Shelby anzufeuern. Zur WM wird zeitweise auch das Bergrennen am Schauinsland (Nähe Freiburg) gewertet. Das legendärste Fahrzeug dieser Epoche ist der vom heutigen VW-Aufsichtsratschef Ferdinand Piëch konstruierte Porsche 917, der 1969 homologiert, d. h. zum Rennsport zugelassen wird.

Fiat 500

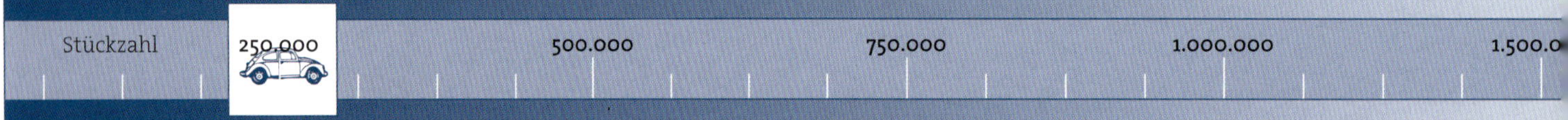

Kleinstwagen:
Cinquecento vs. Goggo

PLATZ 1

Fiat 500 D / F

Der Fiat 500 ist der VW Käfer Italiens – er bringt die Massenmotorisierung in Schwung. Auch bei uns spielt der 1957 präsentierte Cinquecento im Segment der Kleinstwagen eine dominierende Rolle. Motor und Antrieb liegen im Heck. Anfang der 60er Jahre wird die Generation D verkauft, deren 500-Kubikzentimeter-Zweizylinder 17,5 PS leistet. Die Türen sind noch hinten angeschlagen („Selbstmördertüren"). Ein Verbot dieser Anordnung führt zur Konstruktion eines Nachfolgers (Modell F, ab 1965). Großer Beliebtheit erfreut sich das Rollverdeck. Seltener ist die Kombiversion Giardiniera.

Wussten Sie schon?

Bis zur Baureihe D hat der Fiat 500 vorne angeschlagene, so genannte „Selbstmörder-Türen".

2.000.000 | 2.500.000 | 3.000.000 | 3.500.000

ca. 250.000

Glas Goggomobil

PLATZ 2

Glas Goggomobil

Präsentiert wird das Goggomobil 1954 auf einer Fahrrad- und Motorradmesse. Weil das Wägelchen von einem 250-Kubikzentimeter-Motor (13 PS) angetrieben wird, reicht ein Motorradführerschein aus. Ab 1957 gibt es den Zweizylinder alternativ auch als 300er (15 PS) und 400er (anfangs 20, ab 1961 18,5 PS). 1964 werden auch beim Goggo, von dem es auch ein Coupé und ein Cabriolet gibt, die „Selbstmördertüren" gegen konventionell vorne angeschlagene Türen getauscht. 1966 wird Glas von BMW übernommen, wenig später wird die Produktion des Goggo eingestellt.

ca. 123.000

DKW F12

PLATZ 3

DKW F11 / F12

DKW ist seit 1931 Teil der Auto Union. Von 1963 bis 1965 werden in Ingolstadt die Modelle F11 und F12 gefertigt. Der F11 wird von einem Dreizylinder-Zweitakter angetrieben, der aus 800 Kubikzentimeter 34 PS produziert. Der F12 wird dank 40 PS aus 900 Kubikzentimetern 125 km/h schnell. Ab Februar 1965 kommt eine höher verdichtende 45-PS-Variante zum Einsatz, die auch den wie ein verkleinerter US-Straßenkreuzer wirkenden Roadster antreibt. Die Auto Union wird 1966 von Volkswagen übernommen. Mit der Marke DKW stirbt auch der letzte Zweitakt-Pkw aus deutscher Fertigung. Extrem selten bleibt die attraktive Cabrioversion, die ebenfalls lieferbar ist.

ca. 90.000

BMW 700

PLATZ 4

BMW 700

Das Modell 700 gilt als Retter der Marke BMW, die 1959 beinahe von Mercedes-Benz geschluckt wird. Der als viersitzige Limousine, Coupé und Cabriolet gebaute Kleinwagen verkauft sich so gut, dass Geld für neue Entwicklungen in die Kasse kommt. Der luftgekühlte Zweizylinder-Boxermotor stammt vom BMW 600 bzw. von Motorrädern der Marke ab. Aus 700 Kubikzentimetern leistet er zwischen 30 PS (Limousine) und 40 PS (Coupé), im Rennsport sogar 60 PS. Mit dem Modell 700 legt BMW den Grundstein für eine bis dahin fehlende Mittelklasselimousine.

ca. 30.000

Autobianchi Bianchina

PLATZ 5

Autobianchi Bianchina

Die Marke Autobianchi spezialisiert sich auf Umbauten erfolgreicher Fiat-Modelle. So ist die Bianchina technisch ein Fiat 500 mit einer zweitürigen Coupé-Karosserie, die Bianchina Speziale hat ein Faltdach und den Motor des Fiat 500 Sport (21 PS). Die Bianchina wird von 1957 bis 1969 gebaut und durchläuft die selben Generationswechsel wie der Fiat 500. 1967 wird Autobianchi von Fiat übernommen. Fortan werden unter diesem Label neue Techniken in Kleinserie erprobt – z. B. quer eingebauter Frontmotor und Frontantrieb in der Primula.

ca. 10.000

Die Lieblingsautos der Deutschen

Mercedes-Benz 250 (W 108)

Stückzahl 15.000 30.000 45.000 60.000 75.00

Luxuswagen:
Dünn besiedelt

PLATZ 1

Mercedes-Benz 220 - 300 SEL 6,3 (W 111 / 108 / 109)

Luxuswagen sind im Deutschland der 1960er Jahre noch Mangelware. Die Platzhirsche kommen von Mercedes-Benz und sind Vorgänger der späteren S-Klasse. In diesem Jahrzehnt sind zwei Baureihen zeitweise parallel im Handel. Die eine – ältere – läuft unter dem Modellcode W 111 mit dem viertürigen Spitzenmodell 220 SE sowie als Coupé bzw. Cabriolet als 220, 250 und 280 SE. Diese verfügen über einen Sechszylindermotor mit bis zu 160 PS (2,8 Liter) Hubraum oder als Spitzenmotorisierung einen 3,5-Liter-V8 mit 200 PS. Die zusammen gefassten Nachfolge-Baureihen W 108 (Stahlfedern) und W 109 (längerer Radstand, Luftfederung, beide ab 1965), seit 1965 auf dem Markt, reichen bis zum 300 SEL mit 6,3-Liter-V8 (250 PS) aus dem Über-Mercedes 600.

Wussten Sie schon?

Hat ein Mercedes der Baureihe W 111 Lenkradschaltung, dürfen in der vorderen Sitzreihe drei Personen sitzen.

100.000 | 115.000 | 130.000 | 145.000 | **ca. 79.000**

Opel Kapitän, Admiral, Diplomat

PLATZ 2

Opel Kapitän/Diplomat/Admiral (KAD Serie A)

Opel schickt in den 60er Jahren drei Modelle in der Luxusklasse an den Start. Sie unterscheiden sich bei nahezu identischer Karosserie hauptsächlich in der Ausstattung. Basistriebwerk bei Kapitän und Diplomat ist ein Reihensechszylinder mit zunächst 2,6 Liter (100 PS), ab 1965 dann 2,8 Liter (125 PS) Hubraum, in der Hochleistungsvariante (HL) mit 140 PS. Ab diesem Zeitpunkt steht auch ein V8 von Chevrolet mit 4,5 Liter Hubraum und 190 PS zur Wahl. Dieses Triebwerk ist beim Admiral Serie, später gibt es sogar einen 5,4-Liter-V8 mit 230 PS (Serie beim Coupé).

ca. 54.000

BMW 2500

PLATZ 3

BMW 2500/2800 (E3)

BMW braucht lange, um den veralteten V8-Straßenkreuzer 3200 („Barockengel“, gebaut bis 1964) zu ersetzen. Erst 1968 kommt die intern E3 genannte Konkurrenzbaureihe zu Mercedes S-Klasse und Opel KAD auf den Markt. Zunächst werden Sechszylinder-Reihenmotoren mit 2,5 Liter (150 PS) und 2,8 Liter (184 PS) Hubraum angeboten. Erkennungsmerkmal der schlanken und im Vergleich zur Konkurrenz mit einem sportlichen Fahrwerk versehenen Limousine sind die doppelten Rundscheinwerfer. Sie werden in den nächsten Jahrzehnten charakteristisch für alle BMW-Baureihen.

ca. 40.000

GS
GG-DJ 709

1970-1979

S EA 1500

Geburtsstunde einer neuen Klasse

Die 1970er Jahre stellen die Bundesrepublik vor eine Zerreißprobe. Nach außen nähert sich die Politik langsam dem zweiten deutschen Staat an, der DDR. Bundeskanzler Willy Brandt erhält dafür den Friedensnobelpreis (1972). Im Innern tobt eine blutige Auseinandersetzung mit den Terroristen der RAF und ihren Sympathisanten. Ein Anschlag auf die Olympischen Spiele in München (1972) fordert ebenso Todesopfer wie die Besetzung der deutschen Botschaft in Stockholm (1975) und zwei Flugzeugentführungen (1976 und 1977). Der so genannte „Deutsche Herbst" findet 1977 seinen Höhepunkt mit der Ermordung von Arbeitgeber-Präsident Hanns Martin Schleyer, Generalbundesanwalt Siegfried Buback und Deutsche-Bank-Chef Jürgen Ponto.

Auch nicht immer friedlich verlaufen die Proteste gegen die Atomkraft. Aus der wachsenden Sorge um die Umwelt entsteht eine neue politische Partei – die Grünen (1980). Die wenigen guten Nachrichten kommen häufig aus dem Sport. Deutschland wird zum zweiten Mal Fußball-Weltmeister (1974), Bayern München und Borussia Mönchengladbach dominieren die europäischen Vereinswettbewerbe.

Ein positives Signal kommt immerhin aus der Weltpolitik: Die USA beenden den Vietnamkrieg. Ein anderer Krieg führt dagegen zur ersten Benzinkrise. Als Folge des bewaffneten Konfliktes zwischen Israel auf der einen und Ägypten sowie Syrien auf der anderen Seite drosseln die erdölfördernden Länder ihre Produktion dramatisch. Die Benzinpreise steigen gewaltig.

Und plötzlich zählen bei einem Auto nicht mehr ausschließlich Leistung und Beschleunigungsvermögen. Der Verbrauch rückt in den Mittelpunkt des Interesses, in Deutschland gibt es sogar autofreie Sonntage.

Da kommt eine neue, innovative Fahrzeugkategorie genau richtig. Sparsame Motoren und Frontantrieb auf breiterer Front sind technische Revolutionen. Den Anfang machen Alfasud und Renault 5 (beide 1972). Schwung in die Sache kommt allerdings erst mit den VW-Modellen Golf (1974) und Polo (1975). Ihre Gegner kommen nun verstärkt auch aus Fernost. Sie heißen Honda Civic (1973), Mitsubishi Colt oder Toyota Starlet (beide 1978). Ihr Segment – das dank des Bestsellers aus Wolfsburg schnell den griffigen Namen Golf-Klasse erhält – wird zur auflagenstärksten und gewinnträchtigsten Fahrzeugkategorie.

Die Neuheiten am anderen Ende der Leistungsskala haben es dagegen schwer. Fahrer von BMW 7er, Porsche 928 (beide 1977) und neuer Mercedes S-Klasse (1979) müssen sich für ihre Lust auf Luxus gelegentlich sogar entschuldigen. Umso erstaunlicher, dass dennoch exotische Hochleistungsfahrzeuge wie Lancia Stratos (1974), Porsche 911 Carrera RS (1975) und BMW M1 (1978) entwickelt werden.

Opel Kadett C

Stückzahl 250.000 500.000 750.000 1.000.000 1.500.0

Bestseller:
Vorteil Opel

PLATZ 1

Opel Kadett B / C / D

Mit der Baureihe C (ab 1973) entwickelt sich der Opel Kadett zur Nummer eins auf deutschen Straßen. Neben der viertürigen Limousine gibt es ein Coupé, einen Kombi, eine dreitürige Schrägheckversion (City) und sogar einen Targa (Aero). Motoren mit bis zu 115 PS im Modell GT/E (ab 1975) sorgen für ein sportliches Image, das mit erfolgreichen Einsätzen im Motorsport ausgebaut wird. 1979 wird der Kadett D präsentiert, der als erster Opel wie mittlerweile in der Klasse üblich über einen quer eingebauten Motor (bis 115 PS) und Frontantrieb verfügt.

Wussten Sie schon?

Opel bietet vom C-Kadett tatsächlich ein Sondermodell namens „Swinger" an.

2.000.000 2.500.000 3.000.000 3.500.000 **ca. 1,4 Mio.**

Opel Rekord D

PLATZ 2

Opel Rekord C / D / E

Mit dem Rekord D (ab 1971) knüpft Opel in der klassischen Mittelklasse an die Erfolge des Kadett ein Segment tiefer an. Die geräumige Limousine – lieferbar sind auch Kombi und Coupé – bietet fünf Personen bequem Platz. Zusätzlich zu den Benzinmotoren (bis 2,0 Liter Hubraum und 100 PS) wird nun auch ein Dieselmotor (2,1 Liter Hubraum, 60 PS) angeboten. 1977 erscheint die Generation E mit neuem Design. Bei den Motoren ändert sich nur wenig, neu sind ein 2,0-Liter-Benziner mit Einspritzung (115 PS) und der auf 2,3 Liter Hubraum (65 PS) vergrößerte Diesel.

Wussten Sie schon?

Beim Rekord D führt Opel – vorerst noch als aufpreispflichtiges Extra – die Mittelschaltung ein.

2.000.000 | 2.500.000 | 3.000.000 | 3.500.000

ca. 1,26 Mio.

VW Golf I

Stückzahl 250.000 500.000 750.000 1.000.000 1.500.0

PLATZ 3

VW Golf I

Anfang der 70er Jahre setzt sich bei Volkswagen die Erkenntnis durch, dass die Tage des Käfers gezählt sind. Der Nachfolger ist technisch komplett anders (wassergekühlter Frontmotor, Frontantrieb). Er bekommt den Namen Golf. Bei der Präsentation 1974 ahnt niemand, welche dominante Rolle der Neuling in Zukunft spielen wird. Anfangs stehen lediglich zwei Benziner (50 und 70 PS) zur Wahl. 1976 kommt ein Diesel (50 PS) hinzu. Der Hammer aber ist der 1979 vorgestellte Golf GTI – mit 110 PS erfindet er die Kategorie der kompakten Sportwagen.

Wussten Sie schon?

1977 liefert die Bundesrepublik 10.000 Golf in die DDR. Bezahlt werden sie mit technischen Geräten.

2.000.000 2.500.000 3.000.000 3.500.000 **ca. 1,24 Mio.**

PLATZ 4

Opel Ascona (A / B)

Der kantige Ascona schließt 1970 die Lücke zwischen Kadett und Rekord, deren Motoren (bis 1,9 Liter Hubraum und 90 PS) verwendet werden. Wie beim Kadett kurbeln Sporteinsätze (1974 Rallye-Europameister mit Walter Röhrl) den Verkauf an. 1975 erscheint die zweite Generation. Der Ascona B wird mit mehr als 1,5 Millionen Stück bis dahin erfolgreichster Opel.

ca. 1,1 Mio.

PLATZ 5

Ford Taunus (TC71 – TC80)

Beim Taunus der 70er Jahre kehrt Ford zum Heckantrieb zurück. Die ersten Modellgenerationen (TC71 – TC75) sind an der kantigen Front („Knudsen-Nase") zu erkennen, die 1976 geglättet wurde. Die ausschließlich aus Benzinern bestehende Motorenpalette reicht vom 1,3-Liter-Vierzylinder (55 bis 59 PS) bis zum 2,3-Liter-V6 (108 bis 114 PS).

ca. 987.000

PLATZ 6

VW Käfer 1302/1303

Am 17. Februar 1972 löst der VW Käfer das Ford Model T als meistgebautes Auto der Welt ab. Wenig später wird der 1302 durch den Nachfolger 1303 ersetzt. Markantes Kennzeichen sind die neu gestalteten Rückleuchten, in Käfer-Kreisen respektlos „Elefantenfüße" genannt. (Mehr zum VW Käfer auf Seite 62)

ca. 957.000

ca. 847.000

PLATZ 7 Audi 80 (B1 / B2)

Der Audi 80 erscheint 1972. Sein Konstruktionsprinzip – Frontmotor und Frontantrieb – und seine neu entwickelten Motoren (bis zu 110 PS) werden zum Vorbild für viele Audi- und VW-Modelle der nächsten Jahre. Mit einem Facelift (1976, Typ 82) wird der 80 optisch dem größeren Bruder 100 angeglichen, bevor 1978 die etwas größere zweite Generation (B2) präsentiert wird.

ca. 754.000

PLATZ 8 Mercedes-Benz 200 D (W 114)

Die bereits 1968 vorgestellte Baureihe W 114 – der heutige Spitzname Strich-8er verweist auf dieses Jahr – entwickelt sich in den 70er Jahren zum bis dahin bestverkauften Mercedes-Modell. Besonders bei Taxifahrern ist der sparsame und mit Automatik lieferbare 200 D äußerst beliebt. Seine geringe Leistung von nur 55 PS sorgt allerdings auch für jede Menge Spott („Wanderdüne").

ca. 590.000

PLATZ 9 VW Passat (B1)

Die erste Modellgeneration des VW Passat (B1, ab 1973) teilt sich die Technik mit dem Audi 80. Die Karosserie weist allerdings ein Fließheck auf. Noch erfolgreicher wird der ab 1974 angebotene Kombi (Variant). Ab 1978 ist zusätzlich zu den Benzinern (bis 85 PS) auch der 1,5-Liter-Diesel (50 PS) lieferbar. Ab 1979 wird sogar der 110 PS starke Benziner des Golf GTI angeboten.

ca. 510.000

PLATZ 10 Audi 100 (C1 / C2)

Die Entstehung des Audi 100 ist eine Legende. Volkswagen hatte der gerade übernommenen Auto Union die Entwicklung neuer Modelle untersagt. Technikchef Ludwig Kraus hält sich nicht daran. Das heimlich konstruierte Auto findet nachträglich den Segen von VW, mit ihm wird die Marke Audi wieder belebt (1968). 1976 folgt die zweite Generation (C2), das Coupé wird eingestellt.

Renault R16

Stückzahl 250.000 500.000 750.000 1.000.000 1.500.0…

Importmarken:
Die Japaner kommen

PLATZ 1

Renault

Von 1970 bis 1980 steigt die Produktionszahl von Renault auf zwei Millionen Pkw pro Jahr. Damit erobert die französische Marke auch in Deutschland Rang eins. Beststeller sind neben dem unverwüstlichen R4 auch der modernere Kleinwagen R5 (mit selbsttragender Karosserie) und die Mittelklasselimousine R16. Das eigentümliche Fahrwerk (unterschiedlicher Radstand rechts und links, extrem lange Stoßdämpfer) sorgt für hohen Federkomfort, das in dieser Klasse seltene Fließheck und die umlegbare Rückbank für einen variablen Innenraum.

Wussten Sie schon?

1978 übernimmt Renault die Firma Alpine, die mit Sportwagen auf Renault-Basis Sporterfolge feierte.

2.000.000 | 2.500.000 | 3.000.000 | 3.500.000 | **ca. 643.000**

Fiat 128 Rally

Stückzahl 250.000 500.000 750.000 1.000.000 1.500.0

PLATZ 2

Fiat

Zu Beginn der 70er Jahre macht Fiat Werbung mit dem Slogan „Jede Größe, jede Leistung, von 18 bis 180 PS". Tatsächlich bietet die italienische Marke eine unerreichte Modellvielfalt. Die Palette reicht vom kleinen 500-Nachfolger 126 bis zum Dino mit Ferrari-Motor. Sogar ein Cabrio – den als Abarth-Variante im Rallyesport sehr erfolgreichen 124 Spider – hat Fiat im Angebot. Ein Verkaufsschlager ist der Fiat 128 mit kräftigen Motoren (bis 75 PS, erstmals Frontantrieb), sportlichem Fahrwerk und geräumiger Stufenheck-Karosserie.

Wussten Sie schon?

1977 und erneut 1978 wird Fiat mit dem Modell 131 Marken-Weltmeister im Rallyesport.

2.000.000 2.500.000 3.000.000 3.500.000 **ca. 588.000**

Simca 1308

Stückzahl 250.000 500.000 750.000 1.000.000 1.500.0

PLATZ 3

Chrysler/Simca/Talbot

Seit 1971 gehört Simca komplett zu Chrysler France. Erfolgreichstes Modell ist ab 1975 die Baureihe 1307/1308, die 1976 zum europäischen „Auto des Jahres" gewählt wird. Der 1307 ist eine der ersten Mittelklasse-Limousinen mit Frontantrieb und Fließheck. Die Unterschiede der Modelle 1307 und 1308, die für den Export andere Namen erhalten (z. B. Chrysler Alpine in Neuseeland), liegen in der Ausstattung und den Motoren. 1978 wird Simca an Peugeot verkauft. Die neuen Besitzer lassen die Marke Simca langsam einschlafen, stattdessen heißen die Autos nun Talbot.

Wussten Sie schon?

Der Simca 1307 wird 1976 „Europäisches Auto des Jahres" – vor dem BMW 3er (E21).

2.000.000 2.500.000 3.000.000 3.500.000 **ca. 550.000**

PLATZ 4

Peugeot

Peugeot bietet vom kleinen 104 über die Mittelklasse-Limousine 504 bis zum 604 auch einen Oberklasse-Pkw. Wichtigste Neuentwicklung des Jahrzehnts ist der 305, der allerdings die Motoren vom Vorgänger 304 mit in der Ölwanne liegendem Getriebe übernimmt. Der 305 ist lange Zeit das meistproduzierte und meistexportierte Fahrzeug von Peugeot, er wird im Saarland sogar als Streifenwagen eingesetzt.

ca. 429.000

PLATZ 5

Citroën

Seitdem Citroën zu Peugeot gehört (seit 1975), beruhen viele Modelle auf Entwicklungen des Konzernbruders. Ein eigenständiges Modell ist der GS, der mit stromlinienförmiger Karosserie und luftgekühltem Vierzylinder-Boxermotor (bis 65 PS) von der Masse abweicht. Eine Zeitlang (1973 bis 1975) und in kleinsten Stückzahlen gibt es den GS sogar mit einem von NSU entwickelten Wankelmotor.

ca. 244.000

PLATZ 6

Alfa Romeo

Einerseits bauen die Italiener Limousinen wie die Giulia, die es mit deutschen Sportwagen aufnehmen können, andererseits innovative Kleinwagen wie den Alfasud (Fließheck-Karosserie, Boxermotor, Frontantrieb). Der verkauft sich auch in Deutschland besser als jeder Alfa Romeo zuvor. Allerdings lässt die Verarbeitungsqualität zu wünschen übrig.

ca. 178.000

ca. 156.000

PLATZ 7 Toyota

Toyota ist seit 1970 auf dem deutschen Markt vertreten. Mit sparsamen, preiswerten und zuverlässigen Autos erobern sich die Japaner schnell einen bemerkenswerten Marktanteil. Bestseller ist zu dieser Zeit der Corolla, der noch auf klassische Technik (Motor vorne, Heckantrieb) setzt. Weil in Japan schon früher scharfe Abgasgesetze greifen, hat Toyota schon früh Motoren mit Katalysator im Angebot.

ca. 131.000

PLATZ 8 Nissan/Datsun

Nissan produziert seit 1933 Pkw unter dem Namen Datsun. In Europa sorgen vor allem die Z-Serie (ab 1969) als meistgebauter Sportwagen aller Zeiten und der als direkter Konkurrent zum Toyota Corolla positionierte Sunny – in Deutschland als Datsun 1200 verkauft – für beachtliche Verkaufszahlen. Ende der 70er Jahre wird der Name Datsun allmählich durch Nissan ersetzt.

ca. 118.000

PLATZ 9 Mazda

Als Mazda 1972 in Hilden bei Düsseldorf eine Niederlassung gründet, ist ein weiterer japanischer Automobilgigant auf dem deutschen Markt vertreten. Erfolgreichstes Modell wird die kompakte Limousine 323 (ab 1977), die mit sparsamen Benzinern zwischen 45 und 70 PS angeboten wird. Zur Wahl steht neben der drei- oder fünftürigen Fließheck-Limousine auch ein Kombi.

ca. 99.000

PLATZ 10 Honda

1961 gründet Honda in Hamburg die erste Europa-Niederlassung eines japanischen Herstellers. Zunächst vertreibt die Marke vor allem Kleinfahrzeuge. In die 1970er Jahre fallen die Präsentationen von drei Modellen, mit den Honda auch den deutschen Markt erobert: Civic (1972), Accord (1976) und Prelude (1978).

Notizen aus der Automobilwelt

Der sogenannte Jom-Kippur-Krieg zwischen Israel auf der einen sowie Ägypten und Syrien auf der anderen Seite führt 1973 zu einer Ölkrise. Mit einer Drosselung der Ölproduktion wollen die arabischen Staaten die westliche Welt daran hindern, Israel zu unterstützen. Als Folge schnellt der Rohölpreis auf dem Weltmarkt um rund 70 Prozent nach oben, die Bundesrepublik muss 1974 rund 17 Milliarden D-Mark mehr für Ölimporte ausgeben. Als Gegenmittel werden zahlreiche Geschwindigkeitsbegrenzungen eingeführt, außerdem gibt es in Deutschland vier autofreie Sonntage. Der Krieg zwischen dem Irak und dem Iran löst 1979/1980 eine zweite Ölkrise aus, deren Auswirkungen allerdings weniger dramatisch sind.

Bereits in den 60er Jahren macht man sich in Kalifornien erstmals verstärkte Gedanken über die schädlichen Auswirkungen von Autoabgasen. Die ersten europäischen Emissionsgrenzen für Kohlenmonoxid und Kohlenwasserstoffe (Abgasnorm Euro 1) treten 1970 in Kraft.

Gegen teilweise starken Widerstand der Autofahrer wird 1976 die zunächst noch straflose Gurtpflicht eingeführt. Die ungewohnte Einengung und zweifelhafte Statistiken, mit denen die Nachteile des Sicherheitsgurtes aufgezeigt werden sollen, führen dazu, dass sich lange nur wenig mehr als die Hälfte aller Autofahrer anschnallen. Erst die Einführung einer Geldstrafe (40 D-Mark) zum 1. August 1984 bewirkt eine mehr als 90-prozentige Anschnallquote.

Ausgerechnet bei Turbomotoren haben US-Hersteller die Nase vorne. Oldsmobile und Chevrolet rüsten bereits in den 1960er Jahren Benzintriebwerke mit dieser Turbine aus, die von den Abgasen angetrieben wird und das frische Verbrennungsgemisch mit Überdruck in die Zylinder presst. In Europa ist der Turbolader zu dieser Zeit höchstens ein Mittel des Tunings (z. B. Ford-May). Das erste deutsche Serienauto mit Turbo-Benziner ist der BMW 2002 Turbo (1973), Porsche zieht mit dem 911 Turbo (1975) nach.

Während Turbolader beim Benziner aufgrund des hohen Verbrauchs und der gewöhnungsbedürftigen Fahreigenschaften („Turboloch“) noch lange Sportwagen vorbehalten bleiben, haben es die besonders sparsamen Turbodiesel einfacher. Mercedes macht 1978 mit dem primär für den US-Markt gedachten 300 SD den Anfang. Mit dem Golf GTD (1982) kommt die Technik in der Mittelklasse an.

Im Sommer 1970 stellt der britische Hersteller Land Rover ein Fahrzeug vor, das heute als Urvater aller europäischen SUV (Sports Utility Vehicle) gilt. Der Range Rover hat die klassische Karosserie eines Geländewagens, kombiniert diese aber mit einem V8-Motor und einer für die Zeit als luxuriös zu bezeichnenden Ausstattung. Außerdem hat der „Range“ ein dank Schraubenfedern komfortables Fahrwerk, alle anderen Offroader setzen noch auf knüppelharte Blattfederung.

Bereits 1920 entwickelt der französische Automobil- und Flugzeugpionier Gabriel Voisin ein System, mit dem das Blockieren der Räder beim Abbremsen verhindert wird – allerdings nur für Flugzeuge. Es dauert bis 1969, bis die Technologie auch für Pkw verwendbar ist. Nach ersten noch teilweise mechanisch funktionierenden Systemen (z. B. bei Jensen und Lincoln) führt Mercedes 1978 bei der S-Klasse (Baureihe W 116) das erste vollelektronische Anti-Blockier-System (ABS) ein. Es kostet allerdings Aufpreis. Der erste deutsche Pkw mit serienmäßigem ABS ist der Ford Scorpio (1985).

Der Alfasud revolutioniert 1971 nicht nur den Autobau in Italien – er wird z. B. in einem eigens dafür gebauten Werk nach modernsten Methoden produziert –, er ist auch der erste Vertreter eines neuen Fahrzeugtyps. Im Englischen „hatchback“ genannt, wird die Karosserieform in Deutschland als Schräg- oder Steilheck bekannt. Kennzeichen sind kompakte Abmessungen und dank Frontmotor mit Frontantrieb großzügiges Platzangebot. Der VW Golf wird ab 1974 das Aushängeschild dieser Fahrzeugkategorie. Designer Giorgetto Giugiaro kopiert sich damit selbst – aus seiner Feder stammt auch der Alfasud.

VW Käfer 1303

Kleinwagen:
Letzte Hauptrolle für den Käfer

PLATZ 1

VW Käfer 1302/1303

Noch zwei Mal überarbeitet VW den Käfer, der 1972 zum meistgebauten Auto aller Zeiten avanciert. Der 1302 (1970) hat z. B. Federbeine an der Vorderachse, der 1303 (1972) ist an der gewölbten Windschutzscheibe zu erkennen. Der größte Motor hat inzwischen 1,6 Liter Hubraum und leistet 50 PS. Weiterhin gebaut wird der Käfer 1200 mit 34 PS und dem alten Fahrwerk. 1974 wird die Produktion in Wolfsburg zu Gunsten des Golf eingestellt, 1978 auch im Werk Emden. Fortan kommen alle Käfer für den deutschen Markt aus Mexiko.

Wussten Sie schon?

1974 wird Deutschland Fußball-Weltmeister – die Spieler erhalten als Geschenk u. a. einen VW Käfer.

2.000.000 | 2.500.000 | 3.000.000 | 3.500.000

ca. 957.000

VW Polo I

PLATZ 2

VW Polo I / VW Derby I

Mit der Entscheidung, eine spärlicher ausgestattete Version (z. B. Türverkleidungen aus Pappe) des Audi 50 unter dem VW-Label auf den Markt zu bringen, landet Volkswagen einen Haupttreffer. Ab 1975 findet der Polo zahlreiche Käufer. Zusätzlich zur dreitürigen Fließheckkarosserie wird ab 1977 eine Stufenheckvariante mit Namen Derby angeboten. Nach der Entscheidung, die Produktion des Audi 50 einzustellen, wird die Ausstattung des Polo schrittweise verbessert. Ab 1979 gibt es zusätzlich zum 40-PS-Modell den Polo GT mit 60 PS.

ca. 386.000

Ford Fiesta I

PLATZ 3

Ford Fiesta I

Noch vor der ersten Ölkrise (1973) beginnen bei Ford die Entwicklungsarbeiten an einem sparsamen Kleinwagen. Trotz der für die damalige Zeit unglaublichen Summe von 112 Millionen Mark dauert es bis 1976, bis das Projekt „Bobcat" serienreif ist. Dem Trend folgend, erhält der schließlich auf den Namen Fiesta getaufte Neuling eine Fließheckkarosserie und Frontantrieb. Als Motoren stehen zunächst ausschließlich Benziner mit Hubräumen zwischen 1,0 und 1,3 Liter (40 bis 54 PS) zur Wahl. Schon 1979 wird der einmillionste Fiesta verkauft.

ca. 227.000

Fiat 127

PLATZ 4

Fiat 127

Auch bei Fiat geht die Ära der Modelle mit Heckmotor und Heckantrieb zu Ende. Der 850 wird 1971 durch den 127 mit Frontmotor und Frontantrieb abgelöst. Die Karosserie hat ein modernes Fließheck. Die zeitgemäße Vorderradaufhängung mit Federbeinen steht allerdings im Gegensatz zur altertümlichen Konstruktion mit einer querliegenden Blattfeder an der Hinterachse. Der zunächst einzige Motor mit 0,9 Liter Hubraum und 45 PS wird 1978 im 127 Sport durch einen 1,1 Liter mit 70 PS ergänzt. Die Transporterversion erhält den Namen Fiorino.

ca. 172.000

Audi 50

PLATZ 5

Audi 50

Der Audi 50 stellt den ersten und nur kurzzeitigen (1974 bis 1978) Versuch der Marke dar, im Kleinwagensegment Fuß zu fassen. Der innerhalb von nur 21 Monaten entwickelte Dreitürer weist dank großer Heckklappe und umklappbarer Rückbank einen hohen Alltagswert auf. Angeboten wird zunächst ausschließlich ein 1,1-Liter-Benziner in zwei Leistungsstufen mit 50 bzw. 60 PS. 1978 kommt ein 1,3-Liter-Benziner (60 PS) hinzu. Im selben Jahr wird die Produktion des Audi 50 – die bei Volkswagen in Wolfsburg erfolgt – zu Gunsten des baugleichen VW Polo eingestellt.

ca. 71.000

Mercedes-Benz (W 123)

Stückzahl	5.000	25.000	50.000	75.000	100.000

Luxuswagen:
Mercedes über alles

PLATZ 1

Mercedes-Benz 200 bis 280 (W 123)

Die Baureihe W 123, die ab 1975 produziert wird, entwickelt sich zum bis dahin erfolgreichsten Mercedes-Modell. Es verdrängt 1980 sogar den VW Golf von Platz eins der Zulassungsstatistik. Die Lieferzeit beträgt bis zu drei Jahren. Neben den Vierzylinder-Varianten überzeugen vor allem die seidenweichen Reihensechszylinder mit 2,5 Liter (129 PS) bzw. 2,8 Liter (als Einspritzer zunächst mit 177 PS, später mit 185 PS) Hubraum. Der Kombi der Baureihe W123 gilt als Begründer der Kategorie Lifestyle-Transporter. Außerdem gibt es ein Coupé.

Wussten Sie schon?

Die mit der Baureihe W 123 eingeführte Bezeichnung T-Modell für den Kombi steht für Tourismus und Transport.

250.000 500.000 750.000 1.000.000 **ca. 843.000**

Mercedes-Benz S-Klasse (W116)

PLATZ 2

Mercedes-Benz S-Klasse (W 116)

1972 löst die Baureihe W 116 das Vorgängermodell W 108 / W 109 in der Oberklasse ab. Die Sechszylinder-Modelle 280 und 350 werden ein Jahr später durch die Achtzylinder-Variante 450 ergänzt. Spitzenmodell wird 1975 der 450 SEL 6.9 mit 286 PS starkem V8. 1978 wird die S-Klasse, zunächst hauptsächlich für den Export, um eine Variante mit Dieselmotor (300 SD) erweitert. Die Baureihe W 116 ist in vielen Bereichen technologischer Trendsetter. So bietet Mercedes als erster Hersteller weltweit ein elektronisches Antiblockiersystem (ABS) für die Bremsen an.

ca. 176.000

BMW 7er (E23)

PLATZ 3

BMW 7er (E23)

Der erste 7er BMW löst 1977 die Baureihe E3 ab. Zunächst werden die Modelle 728, 730 und 733i mit aus dem Vorgängermodell bekannten Reihensechszylindern (bis zu 197 PS) angeboten. 1979 führt BMW in der 7er Reihe ABS ein. Außerdem werden alle Triebwerke mit elektronischer Einspritzung versehen, worauf das „i" (für das englische Injection) hinter der Modellbezeichnung hinweist. Neu im Programm ist der 735i, der mit 217 PS bis zu 217 km/h schnell ist. Ein geplanter Zwölfzylinder wird unter dem Eindruck der zweiten Ölkrise (1979/1980) fürs Erste verworfen.

ca. 58.000

BMW 3.3 Li

PLATZ 4

BMW 3.0 / 3.3 (E3)

1971 erweitert BMW die bereits in den 1960er erfolgreiche Baureihe E3 um eine Variante mit Dreilitermotor. Der Sechszylinder leistet in der Vergaservariante 180 PS, später mit Einspritzung im 3.0 Si bis zu 200 PS. Für die Karosserieversion mit verlängertem Radstand legt BMW 1973 auch einen 3,3-Liter-Sechszylinder mit zunächst 190 PS nach, mit Einspritzanlage sind es später 200 PS. Bei gleicher Leistung im Vergleich zum Dreiliter-Triebwerk liegt der Vorteil im höheren Drehmoment. 1974 wird die Baureihe leicht überarbeitet (z. B. andere Felgen). Der ab 1977 eingeführte 7er BMW erweist sich von Beginn an als wesentlich erfolgreicheres Angebot in der Oberklasse.

ca. 39.000

Opel Senator (A1)

PLATZ 5

Opel Senator / Monza (A1)

Mit dem Senator ersetzt Opel 1977 das Trio Kapitän/Admiral/Diplomat. Die Karosserie der viertürigen Limousine ist nahezu identisch der des Rekord E. Das Coupé Monza gleicht dem Commodore C. Die Unterschiede bestehen in der luxuriöseren Ausstattung (z. B. Leichtmetallfelgen, Drehzahlmesser) und in der Motorisierung. Verbaut werden ausschließlich die bewährten Sechszylindermotoren mit 2,8 Liter (140 PS) oder drei Liter Hubraum, Letzterer leistet in der Vergaserversion 150 PS, versehen mit elektronischer Einspritzung 180 PS.

ca. 38.000

Opel Manta B

Stückzahl 250.000 500.000 750.000 1.000.000 1.500.00

Sportwagen:
Geburtsstunde eines Kultautos

PLATZ 1

Opel Manta A/B

Als Opel 1970 ein Coupé mit der Technik des Ascona präsentiert, ahnt niemand, dass spätestens mit der zweiten Modellgeneration (ab 1975) ein Kult ausgelöst wird. Der Manta ist der erste in einer Reihe von erschwinglichen Sportwagen, die in riesigen Stückzahlen verkauft werden. Anfangs reicht das Leistungsspektrum bis 90 PS, 1974 bietet der Manta GT/E mit 1,9-Liter-Vierzylinder bereits 105 PS. 1978 kommt ein Zweiliter-Triebwerk mit 110 PS hinzu. Als zusätzliche Variante wird im selben Jahr der Manta CC vorgestellt, der über eine Heckklappe verfügt.

Wussten Sie schon?

Tiernamen sind für Sportwagen in den 70ern große Mode – der Manta hat einen Rochen als Paten.

2.000.000 | 2.500.000 | 3.000.000 | 3.500.000 | **ca. 390.000**

VW Scirocco I

PLATZ 2

VW Scirocco I

Anfang der 70er Jahre sucht VW einen Nachfolger für das Karmann-Ghia Coupé. Karmann und Giugiaro entwickeln auf technischer Basis des Golf den keilförmigen Scirocco, der sogar noch vorher präsentiert wird (Frühjahr 1974). Auch die GTI-Version des 2+2-Sitzers mit 110 PS starkem 1,6-Liter-Vierzylinder kommt ein Jahr vor dem Golf GTI auf den Markt (1976). Während die ersten Scirocco mit zwei Scheibenwischern ausgestattet sind, werden ab 1975 Einarmwischer verbaut. Mitte 1977 wird die Karosserie leicht überarbeitet (z. B. Stoßfänger, Blinker).

ca. 203.000

Ford Capri II

PLATZ 3

Ford Capri I / II

1972 wird die erste Modellgeneration des Ford Capri überarbeitet. So werden die bisher verwendeten V4-Motoren durch modernere Reihenvierzylinder ersetzt. Topversion bleibt der RS 2600 mit 150 PS starkem Einspritz-V6. 1974 kommt die zweite Generation, die sich vor allem durch die Heckklappe und größere Fenster unterscheidet. 1978 erfolgt das nächste Facelift, erkennbar an Doppelscheinwerfern. Neues Topmodell ist der Capri 2.8i mit V6-Motor und 160 PS Leistung. Erhalten bleibt die hintere Starrachse mit Blattfedern – ein technischer Anachronismus.

ca. 200.000

Porsche 911 2.4

PLATZ 4

Porsche 911 (Urmodell / G-Serie)

Im Vergleich zu Opel Manta, Ford Capri und VW Scirocco ist der Porsche 911 ein reinrassiger Sportwagen. Anfang der 70er Jahre leistet sein 2,4-Liter-Sechszylinder-Boxermotor bis zu 190 PS. Im Carrera RS sind es dank Hubraumerweiterung auf 2,7 Liter sogar 210 PS. Mit dem Wechsel zum G-Modell (1974, erkennbar an den Faltenbalg-Stoßstangen) wird nur noch der größere Motor verbaut. Im selben Jahr feiert der Porsche 911 Turbo Premiere, der mit 260 PS aus drei Litern Hubraum (ab 1978 aus 3,3 Liter Hubraum 300 PS) neue Maßstäbe setzt.

ca. 57.000

Mercedes-Benz 350 SL

PLATZ 5

Mercedes-Benz SL / SLC (C 107 / R 107)

Mit einer komplett neu entwickelten Baureihe ersetzt Mercedes 1971 die so genannte Pagode. Der als viersitziges Coupé SLC (C 107) und als zweisitziger Roadster (R 107) gebaute SL wird mit Sechszylinder-Reihenmotoren (ab 2,8 Liter Hubraum und 185 PS) oder V8-Triebwerken (ab 4,5 Liter Hubraum und 225 PS) ausgerüstet. Der Roadster wird schnell zum Statussymbol, vor allem in den USA. Mit dem Coupé SLC 450 5.0, dessen Leichtmetall-Fünfliter-V8 serienmäßig 241 PS leistet und der Hauben aus Aluminium sowie einen Heckspoiler besitzt, bestreitet Mercedes erfolgreich Rallyesport.

ca. 35.000

D 4750
1980-1989

BMW
M MX 4775

Leistung ist nicht mehr alles

Das Jahrzehnt beginnt mit einer automobiltechnischen Meisterleistung, deren Tragweite erst im Laufe der Zeit richtig deutlich wird. Audi stellt den „quattro" vor – aus einer vormals biederen Familienlimousine wird dank Allradantrieb und Turbomotor ein Rallye-Weltmeister. Andere kopieren unter dem Zwang der Gesetze des Motorsports dieses Konzept – Peugeot mit dem 205 Turbo 16 (1984), Lancia mit dem Delta HF 4WD (1986) – und sind damit auf den Rallyepisten sogar deutlich erfolgreicher als die Ingolstädter Marke. Doch einzig Audis Zauberwort „quattro" ist mehr als eine Modeerscheinung.

Überhaupt gönnen uns die Hersteller zwischen 1980 und 1989 erstaunlich viele Spaßmobile. Toyota macht mit dem MR2 (1984) das Mittelmotor-Coupé massentauglich. Porsche legt mit dem Technologieträger 959 (1985) das zeitweise schnellste Serienauto der Welt (315 km/h) auf Kiel. Honda mit dem NSX und Dodge mit dem 10-Zylinder-Monster Viper (beide 1989) greifen europäischen Sportwagenhersteller an. Mazda erfindet mit dem MX-5 das Cabriolet neu (1989).

Parallel dazu taucht eine außerhalb der USA bis dahin weitgehend unbekannte Fahrzeugklasse auf unseren Straßen auf. Der Renault Espace ist 1984 die erste Großraumlimousine – bald unter dem englischen Begriff Van oder Minivan bekannt – aus europäischer Fertigung. Am anderen Ende der Größenskala sorgen VW Polo (1981), Opel Corsa (1982), Peugeot 205 (1983), Suzuki Swift (1985) und Citroen AX (1986) für ein Gegengewicht zu den explodierenden Benzinpreisen. VW bringt uns mit Hilfe des supersparsamen Golf GTD (1982) bei, dass Dieselmotoren auch jenseits des Nutzfahrzeugsektors funktionieren.

Noch dramatischer sind die politischen Umwälzungen des Jahrzehnts. Während auf der einen Seite des Atlantiks der ehemalige Schauspieler Ronald Reagan als US-Präsident die Zeiten des „Kalten Krieges" neu aufleben lässt, steuert Michael Gorbatschow die Sowjetunion genau in die entgegengesetzte Richtung. Seine Entspannungspolitik gipfelt in der Wiedervereinigung der beiden deutschen Staaten (1989), die auch als größter Erfolg für den neuen Bundeskanzler Helmut Kohl (ab 1982) in die Geschichte eingeht.

Schockierende Bilder live im Fernsehen: Sieben Astronauten sterben, als die Raumfähre „Challenger" kurz nach Start explodiert (1986). Die zunehmende Macht von TV und Internet sorgt außerdem für eine neue Dimension des Begriffs Superstar. Michael Jackson wird spätestens mit dem legendären Album „Thriller" (1984) zum „King of Pop". Michael Groß schwimmt als „Albatros" zu fünf WM-Goldmedaillen (1982). Boris Becker (erster Sieg 1985) und Steffi Graf (erster Sieg 1988) verwandeln das Tennisstadion von Wimbledon zu ihrem persönlichen Wohnzimmer. Diese Erfolge sind Trost für die Krise des deutschen Fußballs, der außer einer Europameisterschaft (1980) wenig Zählbares zustande bringt.

VW Golf II

Stückzahl	250.000	500.000	750.000	1.000.000	1.500.0

Bestseller:
Die ewige Nummer 1

PLATZ 1

VW Golf I / II

Die zweite Generation des VW Golf erscheint 1983 u. a. mit rundlicherer Karosserie und verbesserter Rostvorsorge. Spätestens ab diesem Zeitpunkt ist der Wolfsburger Kompaktwagen die unumstrittene Nummer eins im Segment, das jetzt allgemein als Golf-Klasse bezeichnet wird. Neben den robusten Benzinern bietet VW nun auch einen Turbodiesel (zunächst 70 PS) an, der diese Motorvariante gesellschaftsfähig macht. Der GTI erhält 1986 einen Vierventilmotor. Als Basis für den Motorsport dient der Rallye Golf (ab 1989), der dank G-Lader 160 PS leistet.

Wussten Sie schon?

1989 baut VW genau 71 Exemplare des 210 PS starken Sondermodells „Limited". Es kostet 68.500 D-Mark.

2.000.000 | 2.500.000 |  | 3.000.000 | 3.500.000 | **ca. 2,78 Mio.**

Opel Kadett E

Stückzahl	250.000	500.000	750.000	1.000.000	1.500.0

PLATZ 2

Opel Kadett D / E

Der Opel Kadett, in Großbritannien als Vauxhall Astra angeboten, kommt als Einziger an der Erfolg des VW Golf heran. 1984 kommt die Generation E auf den Markt, die sich mit aerodynamisch optimierter Karosserie (bester Cw-Wert der Zeit) stark am Wolfsburger Klassenprimus orientiert. So ist der Kadett GSI 16V (mit Katalysator 150 PS) als GTI-Gegner konzipiert. Auch ein von Bertone entworfenes Cabriolet sowie einen Kombi und eine viertürige Stufenhecklimousine gibt es. Nur bei Dieselmotoren ist der Kadett nicht auf der Höhe der Zeit.

Wussten Sie schon?

Der Kadett D wird nach dem Ende der Produktion in Europa (1991) von Daewoo in Südkorea weiter gebaut.

2.000.000 2.500.000 3.000.000 3.500.000 **ca. 1,74 Mio.**

VW Passat (B2)

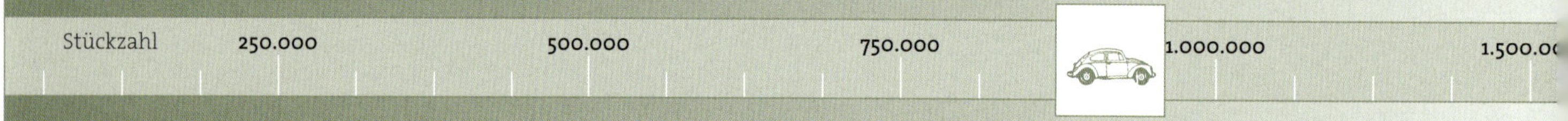

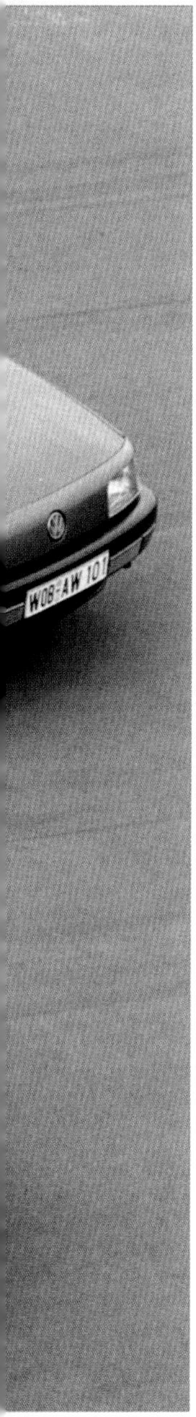

PLATZ 3

VW Passat (B2 / B3)

Die 1980 präsentierte zweite Modellgeneration (B2) des Passat ist weitgehend eine Neukonstruktion (größere Karosserie, Verbundlenker-Hinterachse). Erstmals wird neben Fließhecklimousine und Kombi auch eine Stufenheckvariante namens Santana angeboten. Mit der Baureihe B3 (ab 1988) wird das Fließheck eingestellt. Die glatte Karosserie ohne Kühlergrill sorgt für einen Bestwert beim Luftwiderstand (0,29). Die Motorenpalette reicht bis zum 174 PS starken Sechszylinder VR6. Der Zusatz Syncro bezeichnet die Modelle mit Allradantrieb.

Wussten Sie schon?

Für den Passat wird ein 4+E-Getriebe angeboten: Ein länger übersetzter fünfter Gang soll Benzin sparen.

2.000.000 2.500.000 3.000.000 3.500.000 **ca. 970.000**

PLATZ 4

Audi 80 / Audi 90 (B2 / B3)

Als Audi 1984 das Modell 80 (Generation B2) modernisiert, schließt der auf gleicher technischer Basis aufbauende Audi 90 die Lücke zum größeren Audi 100. Der an anderen Stoßfängern erkennbare Audi 90 ist besser ausgestattet, die Benziner sind ausschließlich Fünfzylinder (bis 136 PS). 1986 erscheint die nächste Generation des Audi 80 (B3), der Audi 90 folgt 1987. Charakteristisches Merkmal ist die Karosserie im windschlüpfigen Aero-Design. Die nun bis zu 170 PS leistenden Benziner werden gerne mit Allradantrieb (Quattro) gekauft.

ca. 950.000

PLATZ 5

BMW 3er (E21 / E30)

1981 rollt der millionste BMW 3er vom Band. Die ausschließlich als Zweitürer gebaute erste Generation (E21) ist damit das meistverkaufte Modell der Marke. Gründe dafür sind das sportliche Fahrwerk und die kräftigen Motoren (bis 143 PS im 323i). Vom Nachfolger (E30, ab 1982) bietet BMW dann auch eine viertürige Limousine, einen Kombi sowie ein Cabriolet an. Neu sind auch Allradantrieb und Turbodiesel-Triebwerke. Star der Baureihe ist der für den Motorsport entwickelte M3, dessen Vierzylinder im Modell Sport Evolution 238 PS leistet.

ca. 865.000

PLATZ 6

Ford Escort Mk III / IV

Wie andere Hersteller auch wendet sich Ford beim Escort vom Heckantrieb ab. Die dritte Modellgeneration (ab 1980) hat Frontantrieb sowie eine Karosserie mit Schrägheck (gebaut auch als Kombi und Cabriolet). Spitzenmodell ist der XR3 mit 96 PS. Nach einem Facelift zum Mk IV (1986) ist auch ein Turbomotor mit 132 PS im RS1600 erhältlich.

ca. 700.000

ca. 690.000

PLATZ 7 VW Polo II / VW Derby II

Die zweite Modellgeneration von Polo (ab 1981) und der Stufenheck-Variante Derby (ab 1982) wird innerhalb von 13 Jahren (1981 bis 1994) rund 1,7 Millionen mal gebaut. Im Verlauf dieser Zeit verbessert Volkswagen schrittweise vor allem die anfangs spartanische Ausstattung. (Mehr zu VW Polo/VW Derby auf Seite 100)

ca. 660.000

PLATZ 8 Mercedes-Benz (W 124)

Bei der Baureihe W 124 (ab 1984) hebt Mercedes die bei Vorgängern gepflegten optischen Unterschiede zwischen den Vierzylinder- und Sechszylindermodellen weitgehend auf. Besondere Aufmerksamkeit widmen die Ingenieure der Sicherheit: Seitlicher Aufprallschutz und Knautschzonen an Heck und Front schützen die Insassen. (Mehr zum Mercedes-Benz W 124 auf Seite 110)

ca. 650.000

PLATZ 9 Opel Ascona C

Ähnlich wie beim Kadett stellt Opel auch den Ascona auf Frontantrieb um, der Wendepunkt ist 1981 die Modellgeneration C. Erhältlich sind zwei- und viertürige Stufenhecklimousine sowie eine Variante mit Fließheck. Die Benzinmotoren beginnen bei 60 PS und reichen bis 130 PS beim Zweiliter-Einspritzer. Dem gegenüber steht nur ein einziger Diesel (54 PS).

ca. 590.000

PLATZ 10 Mercedes-Benz 190 (W 201)

Mit dem Modell 190 erweitert Mercedes 1982 sein Angebot nach unten. Der „Baby-Benz" wird als Gegner des BMW 3er deutlich sportlicher positioniert (z. B. neue Raumlenker-Hinterachse) als seine luxuriösen Markenbrüder. Die Spitze bildet der als Basis für Einsätze in der Deutschen Tourenwagen-Meisterschaft (DTM) entwickelte 2.5-16 Evolution mit bis zu 235 PS.

Fiat Uno (SI)

Stückzahl	25.000	50.000	75.000	100.000	150.00

Importwagen:
Hauptsache einfach

PLATZ 1

Fiat Uno (SI / II)

Der als Drei- und Fünftürer angebotene Uno löst 1983 den Fiat 127 ab. Das von Giorgetto Giugiaro stammende Design wird als Musterbeispiel einer harmonischen Linienführung gefeiert. Der Schwerpunkt liegt auf kleinen Motoren mit 45 bis 70 PS. Mit einer Leistung von zunächst 99 PS zeigt allerdings der Uno Turbo, dass man bei Fiat immer noch sportliche Kleinwagen bauen kann. Von 1989 bis 1995 wird in Deutschland die zweite Generation verkauft. Lizenzbauten des Uno werden noch heute in Brasilien und Ägypten gefertigt. (Mehr zum Fiat Uno auf Seite 106)

Wussten Sie schon?

1984 wird der Fiat Uno zum europäischen „Auto des Jahres" gewählt.

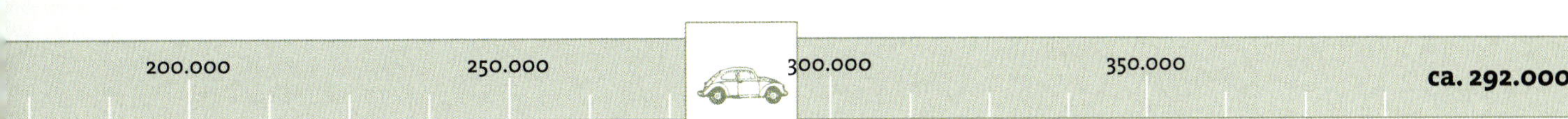

Mazda 323

Stückzahl 25.000 50.000 75.000 100.000 150.00

PLATZ 2

Mazda 323 (BD / BF / BG)

Mit robuster und zuverlässiger Technik gewinnen japanische Hersteller die Gunst der deutschen Kleinwagenkäufer. Die Nummer zwei ist in den 1980er Jahren der Mazda 323, der mit dem Wechsel zur zweiten Generation (BD, ab 1980) dem Trend der Zeit folgend auf Frontantrieb umgestellt wird. 1985 kommt die nächste Baureihe (BF). Durch ein Topmodell mit Allradantrieb und Turbomotor (150 PS) sowie Rallyeeinsätzen erhält der 323 ein sportlicheres Image. Schon 1989 präsentiert Mazda den nächsten 323 (BG), von dem es nun auch ein Coupé gibt.

Wussten Sie schon?

Der Mazda 323 wird offiziell auch an die DDR geliefert, bleibt aber weitgehend Funktionären vorbehalten.

200.000 250.000  300.000 350.000 **ca. 290.000**

Toyota Corolla

Stückzahl 25.000 50.000 75.000 100.000 150.0

PLATZ 3

Toyota Corolla (E70 / E80)

Wie zu dieser Zeit für Toyota noch üblich, hat der Corolla (Baureihe E70) Anfang der 1980er Jahre Heckantrieb. Angeboten werden Limousine, Kombi, Liftback und Coupé mit Motoren zwischen 64 und 110 PS. Während Limousine und Kombi bereits 1983 durch den Nachfolger (E80) mit Frontantrieb ersetzt werden, gibt es Coupé (AE85/AE86) und Kombi weiterhin mit Heckantrieb.

Wussten Sie schon?

Der erste Toyota Corolla läuft 1966 vom Band und wird zunächst nur in die USA exportiert, wo er für 1700 US-$ angeboten wird.

200.000 250.000 300.000 350.000

ca. 267.000

PLATZ 4

Renault 5 (I / II)

Im Gegensatz zur antiquierten Rahmenkonstruktion des kleineren Renault 4 und des größeren R6 hat der R5 (gebaut ab 1972) eine selbsttragende Karosserie. Zum großen Verkaufserfolg trägt auch das Engagement im Motorsport bei. Als Basis werden immer auch Modelle mit Turbomotor entwickelt. Von 107 PS bei der ersten Baureihe steigt die Leistung auf 120 PS bei der zweiten Generation (ab 1984). Der R5 Turbo ist damit zeitweise der schnellste Kleinwagen. In geringer Stückzahl wird der R5 sogar als Cabriolet gebaut. (Mehr zum Renault 5 auf Seite 106)

ca. 255.000

PLATZ 5

Fiat Panda (I / II)

Die kantige Karosserie des Fiat Panda (erste Generation gebaut ab 1980) ist ein weiteres Meisterwerk von Stardesigner Giorgetto Giugiaro. Zu einem der preiswertesten Autos auf dem Markt macht ihn seine einfache Technik. Eine Ausnahme ist das Modell Selecta, der erstmals ein stufenloses Automatikgetriebe hat. (Mehr zum Fiat Panda auf Seite 106)

ca. 254.000

PLATZ 6

Peugeot 205

Der 1983 präsentierte Peugeot 205 wird nicht nur in der Heimat Frankreich ein Verkaufsschlager. Der mit dem „Goldenen Lenkrad" und dem Titel „Auto des Jahres" ausgezeichnete Drei- bzw. Fünftürer wird anfangs mit den kleinen Vierzylindern des Vorgängermodells 104 angeboten. Ab 1988 kommen neue Motoren zum Einsatz. (Mehr zum Peugeot 205 auf Seite 107)

ca. 252.000

ca. 246.000

PLATZ 7 Mazda 626 (CB2 / GC / GD)

1983 löst die Generation GC des Mazda 626 den noch mit Heckantrieb gebauten Vorläufer (CB2) ab. Mit moderner Technik (u. a. Frontantrieb, neu entwickelte Motoren mit Leistung zwischen 62 und 120 PS, Katalysator) kann sich der Japaner sogar in der heiß umkämpften Mittelklasse behaupten. Die nächste Generation wird nicht nur als Limousine und Coupé angeboten, sondern auch als Kombi.

ca. 235.000

PLATZ 8 Mitsubishi Colt (A150 / C10 / C50)

Mit der Baureihe C10 (ab 1984) bietet Mitsubishi im Colt erstmals auch einen Dieselmotor an. Alternativen sind drei Benziner mit 55 bis 125 PS (Turbomotor). 1988 erscheint der nur noch als Dreitürer gebaute Nachfolger (C50), der das „Goldene Lenkrad" erhält. Die Topversion (136 PS) hat nun einen Saugmotor. (Mehr zum Mitsubishi Colt auf Seite 107)

ca. 200.000

PLATZ 9 Honda Civic (2 / 3 / 4)

Seit 1979 bietet Honda in Deutschland den Civic an, ein kompaktes Auto mit sparsamen Motoren (bis 69 PS). 1983 kommt die dritte Modellgeneration auf den Markt, deren Spitzenmodell der Civic GT mit 100 PS starkem 1,5-Liter-Benziner ist. Mit der vierten Generation (ab 1987) stellt Honda alle Motoren auf Vierventiltechnik um. Im Coupé CRX leisten sie bis zu 150 PS.

ca. 85.000

PLATZ 10 Renault 4

Der seit 1961 gebaute R4 ist einer der ersten Pkw mit Heckklappe. Basis ist ein Leiterrahmen, mit dem die Karosserie verschraubt ist. Zur Wahl steht nur ein Motor mit 34 PS (ab 1983 mit 29 PS). Ab 1988 (verschärfte Abgasgesetze) wird der R4 mit der charakteristischen Revolverschaltung in Deutschland nicht mehr verkauft. (Mehr zum Renault 4 auf Seite 107)

VW Polo Coupé G40

Stückzahl	250.000	500.000	750.000	1.000.000	1.500.0

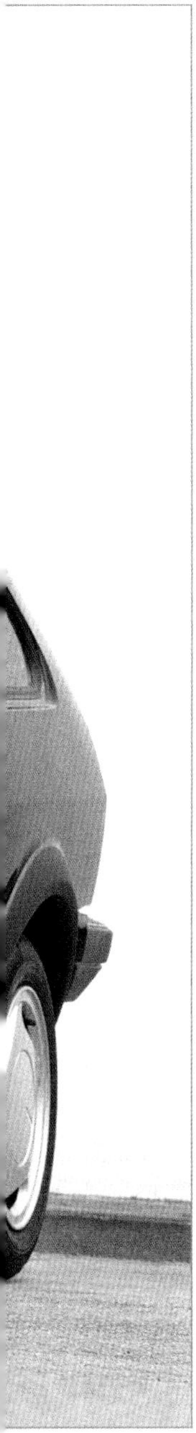

Kleinwagen:
Deutsche Dreifach-Spitze

PLATZ 1

VW Polo II / VW Derby II

Der VW Polo (zweite Modellgeneration ab 1981) beherrscht in den 1980er Jahren das Kleinwagensegment. Im Vergleich zum Vorgänger ist die Ausstattung etwas umfangreicher. Eine Ausnahme hiervon ist das Einsteigermodell Polo Fox (ab 1984). „Formel E" bezeichnet einen besonders sparsamen 50-PS-Motor. Ab 1982 gibt es zusätzlich zur Steilheck-Limousine außerdem ein Coupé mit Fließheck, dem zunächst ein neuer 75-PS-Motor vorbehalten ist. Ab 1985 ist das Coupé Polo G40 mit 115 PS starkem G-Lader-Motor das Topmodell. Weiterhin angeboten wird die Stufenheckvariante Derby (ab 1982).

Wussten Sie schon?

Mit verblechten Seitenwänden und Trennwand zum Laderaum kann der Polo als Lkw zugelassen werden.

2.000.000 2.500.000 3.000.000 3.500.000 **ca. 735.000**

Ford Fiesta II

Stückzahl 250.000 500.000 750.000 1.000.000 1.500.0

PLATZ 2

Ford Fiesta I / II / III

Groß sind die technischen Unterschiede zur ersten Generation nicht, als Ford 1983 den Fiesta II vorstellt. Äußerlich gibt sich der Neue allerdings moderner. Das Sportmodell XR2 erstarkt auf 97 PS. Immerhin gibt es ab 1985 auch eine Variante mit Dieselmotor. 1998 macht Ford dann Nägel mit Köpfen, der Fiesta III ist komplett neu. Die Motorenpalette reicht nun vom 1,1-Liter-Benziner mit 50 PS über einen 1,8-Liter-Diesel mit 60 PS bis zum 1,6-Liter-16-Ventiler mit 130 PS im XR2i. Auf Fiesta-Basis wird auch der Lieferwagen Courier produziert.

Wussten Sie schon?

Ab 1986 gibt es den Ford Fiesta mit 73-PS-Benziner auch mit stufenlosem Automatikgetriebe.

2.000.000 2.500.000 3.000.000 3.500.000 **ca. 554.000**

Opel Corsa A

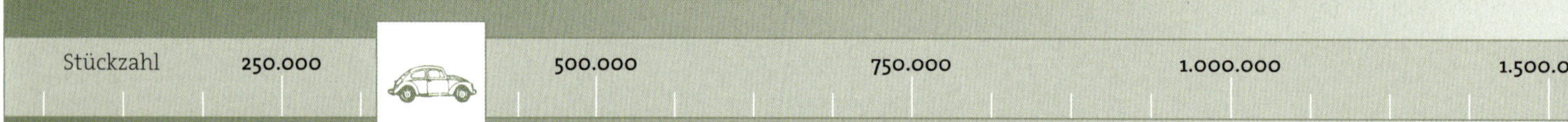

PLATZ 3

Opel Corsa A

Opel steigt relativ spät (1982) in das Kleinwagen-Segment ein, dann aber gleich mit großem Erfolg. Der Corsa profitiert vom Know-how, das die Ingenieure zuvor mit dem Kadett – dem ersten Opel mit Frontantrieb – gesammelt haben. Ähnlich wie beim Konkurrenten Polo ist zwischen 45 PS und 101 PS im Corsa GSI (mit Katalysator dann 98 PS) für nahezu jeden Kundengeschmack etwas dabei. Ab Werk bietet Opel die Karosserievarianten Steilheck und Stufenheck (Corsa TR, gebaut 1983 bis 1987) an, Tuner (z. B. Irmscher) bauen auch Cabriolets.

Wussten Sie schon?

Der Opel Corsa A wird zunächst im spanischen Saragossa und später auch in Eisenach gefertigt.

2.000.000 2.500.000 3.000.000 3.500.000 **ca. 380.000**

PLATZ 4

Fiat Uno (I / II)

Der Fiat Uno, der 1983 den 127 ablöst, ist eines der ersten Autos, das weitgehend von Robotern gebaut wird. Sein günstiger Preis und die große Zahl von Ausstattungs- und Motorversionen – vom Diesel mit 40 PS bis zum fast 200 km/h schnellen Turbobenziner mit 112 PS – machen den als Drei- und Fünftürer gebauten Italiener zeitweise zum meistverkauften Auto in Europa. 1989 erhält der Uno eine gründliche Überarbeitung (u. a. Scheinwerfer, Design von Front und Heck). Häufiger als die Stufenheckversion Duna ist der Kombi Fiorino.

ca. 292.000

PLATZ 5

Renault 5 (Phasen 1 / 2)

Die seit 1974 gebaute erste Generation des Renault 5 wird 1984 abgelöst. Der Nachfolger des R4-Erben ist deutlich moderner. Bei diesem so genannten „Super 5" sind die Motoren quer eingebaut, die Karosserie ist selbsttragend. Mehr als die Basisvariante mit 40 PS oder die Kombiversion (Rapide) sorgen die vor allem im Motorsport eingesetzten Turbo-Modelle für Aufsehen. Der R5 Turbo GT produziert aus 1,4 Litern Hubraum serienmäßig 115 PS (später 120 PS). Nicht ganz so beliebt ist der R5 GTE mit 1,7-Liter-Saugmotor (95 PS).

ca. 255.000

PLATZ 6

Fiat Panda (I / II)

Der als „Tolle Kiste" beworbene Fiat Panda ist das minimalistischste Auto der 1980er Jahre. Sein kantiges Karosseriedesign, die karge Ausstattung und die kleinen Motoren (auch Zweizylinder) drücken den Kaufpreis. Dadurch entwickelt sich der Panda zu einem beliebten Auto für Individualisten. 1986 mit der ersten großen Modellpflege werden modernere Vierzylinder (bis 55 PS) eingeführt.

ca. 254.000

ca. 252.000

PLATZ 7 Peugeot 205

1983 tritt der Peugeot 205 die Nachfolge des Modells 104 an. Mit schließlich mehr als fünf Millionen Exemplaren wird er ein großer Erfolg. Anteil daran haben auch die Erfolge im Motorsport (u. a. Rallye-Weltmeister 1985 und '86). Mit dem dort eingesetzten 500-PS-Allradmonster hat die Straßenversion allerdings wenig zu tun. Das Topmodell 205 GTI leistet bis zu 120 PS.

ca. 235.000

PLATZ 8 Mitsubishi Colt (A150 / C10 / C50)

Mit einem speziellen Getriebe verblüfft die erste in Deutschland verkaufte Colt-Generation (A150) – es hat insgesamt acht Vorwärtsgänge. Topmodell ist der Colt Turbo mit 105 PS starkem Benziner. 1984 kommt der Nachfolger (C10) auf den Markt. Die Baureihe C50 (ab 1988) wird nur noch als Dreitürer gebaut. Spitzenversion Colt GTI 16V mit 124 PS (später 136 PS aus 1,8 Litern Hubraum).

ca. 85.000

PLATZ 9 Renault 4

Obwohl schon lange der Nachfolger Renault 5 auf dem Markt ist, verkauft sich der Renault 4 auch in den 1980er Jahren noch sehr gut. Die verschärften Umweltschutzbestimmungen erfüllt nur noch der 900-Kubikzentimeter-Motor mit 29 bzw. 34 PS im Renault 4 GTL. Den Kastenwagen F6 gibt es auch mit 20 Zentimeter längerem Radstand.

ca. 45.000

PLATZ 10 VW Käfer

Obwohl der Käfer seit 1978 aus Mexiko importiert wird, hält er sich in Deutschland hartnäckig unter den Bestsellern bei den Kleinwagen. Vier Ausstattungsversionen mit 34 oder 50 PS sind zu haben, das Cabriolet allerdings nicht mehr. 1985 stellt VW den Import ein, nur Privatfirmen bringen den Käfer weiterhin nach Deutschland, z. T. ausgerüstet mit 1,6-Liter-Motor und Katalysator.

Notizen aus der Automobilwelt

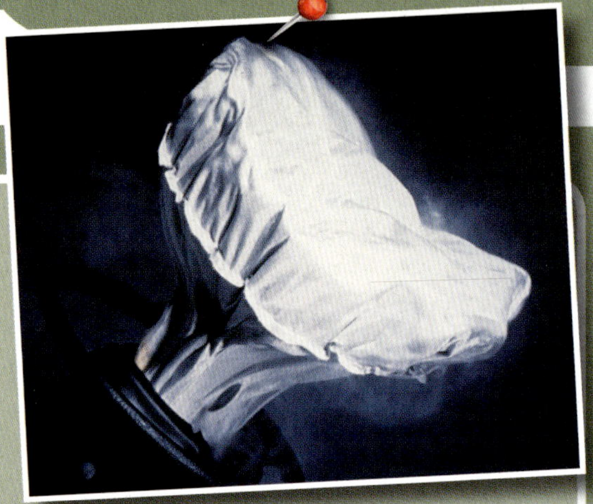

Der deutsche Erfinder Walter Linderer meldet bereits 1951 eine Vorrichtung zum Patent an, die von Mercedes-Benz ab 1967 industriell entwickelt wird und schließlich als Airbag bekannt wird. Als erstes deutsches Auto hat die Mercedes S-Klasse (Baureihe W 126) ab 1980 den Lebensretter – gegen Aufpreis – an Bord. Geschützt wird zunächst nur der Fahrer, Porsche kümmert sich als Erster (1985 im Modell 944) auch um die Sicherheit des Beifahrers. Ab 1995 integriert Volvo Seitenairbags in die vorderen Sitze. Der BMW 5er hat 1997 erstmals Kopfairbags für die Insassen auf den vorderen Sitzen. Dass die Entwicklung so lange gedauert hat, ist der komplizierten Airbag-Technologie zuzuschreiben. Registriert die Bordelektronik des Fahrzeugs eine so starke Verzögerung, wie sie nur durch einen Unfall verursacht werden kann, wird ein kleiner Sprengsatz gezündet. Das dadurch entstehende Gas bläst innerhalb von 10 bis 40 Tausendstelsekunden einen bis zu mehr als 100 Liter fassenden Luftsack auf.

Dieselmotoren erhalten – im Gegensatz zu den jahrzehntelang auch als Vergaservariante möglichen Benzinern – den Kraftstoff seit jeher grundsätzlich mittels einer Einspritzung zugeteilt. Besonders gut kann die Verbrennung gesteuert werden, wenn der Dieseltreibstoff nicht außerhalb des Brennraums (Vorkammer-Einspritzung), sondern direkt in den Zylinder eingespritzt wird. Der Fiat Croma ist das 1984 das erste Fahrzeug, der serienmäßig über die zuvor bereits in Schiffen und Lkws erprobte Dieseldirekteinspritzung verfügt. Das damit verbundene unkomfortabel laute Motorgeräusch schreckt allerdings viele Kunden ab. Erst die Verfeinerung der Technik in den 1990er Jahren führt schließlich zur allgemeinen Akzeptanz von Dieseltriebwerken.

Dass heute Benzinabgase weitgehend harmlos sind, ist dem Katalysator zu verdanken. Er wandelt im Auspufftrakt die giftigen Verbrennungsprodukte Kohlenwasserstoffe, Kohlenmonoxid und Stickoxide in ungefährliches Wasser, Kohlendioxid und Stickstoff um. In einigen Bundesländern der USA sind ungeregelte Katalysatoren bereits ab 1974 vorgeschrieben. In Europa macht die Schweiz wesentlich später den Anfang (1986), Deutschland wartet sogar noch bis 1989. Heute werden durchweg geregelte Dreiwege-Katalysatoren mit deutlich höherem Wirkungsgrad eingesetzt. Die Abgase von Dieselmotoren, deren chemische Zusammensetzung vom Benziner abweicht, werden durch sogenannte NOx-Katalysatoren entgiftet.

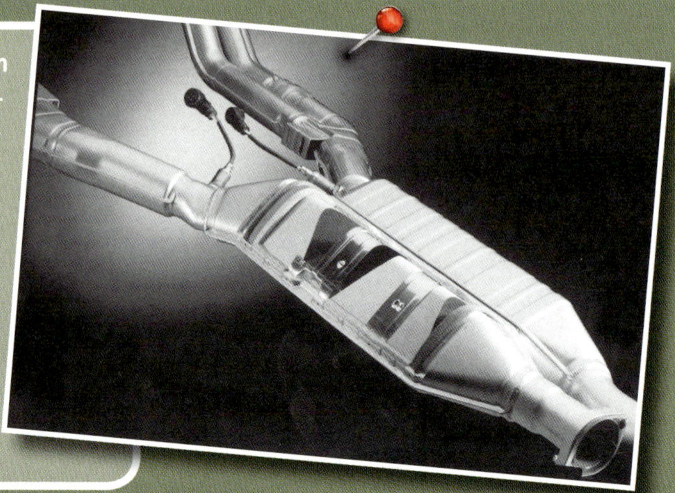

In Amerika sind sie schon lange beliebt, in Europa war eigentlich nur der als Lieferwagen konzipierte VW Bus populär: Kleinbusse – auf Neudeutsch Minivan genannt – werden erst Mitte der 1980er Jahre ein Thema in der alten Welt. Vorreiter der von Anfang an als Pkw konstruierten Minivans ist der Renault Espace (1984). Es dauert nicht lange, bis nahezu jeder Hersteller ein solches Großraumfahrzeug im Angebot hat.

Ferdinand Piëch hat Ende der 1960er Jahre mit dem Porsche 917 schon einmal im Motorsport für Furore gesorgt. Gut zehn Jahre später arbeitet der heutige VW-Aufsichtsratsvorsitzende bei Audi und soll die Aufgabe lösen, der Marke ein jugendlicheres Image zu verpassen. Die Wahl fällt auf den Rallyesport. Dazu verwandelt Piëchs Ingenieurteam das biedere Audi Coupé in einen Renner. Der auf den griffigen Namen „quattro" getaufte Bolide wird 1980 präsentiert und mischt schon bald darauf die Rallyewelt auf. Der Audi quattro hat einen Turbomotor, die Konkurrenz zu diesem Zeitpunkt nur Saugmotoren. Allradantrieb war bis dahin Geländewagen vorbehalten. 1982 und 1984 wird Audi Marken-Weltmeister, 1983 und 1984 krönen sich die Werkspiloten Hannu Mikkola bzw. Stig Blomqvist zum Champion. Zum Großereignis für die deutsche Öffentlichkeit wird das Audi-Engagement endgültig, als 1984 der zweimalige Weltmeister Walter Röhrl ins Team kommt. 1987 steigt Audi aus, seitdem fristet der Rallyesport in Deutschland ein Schattendasein. In der Rallye-WM fahren aber immer noch Renner mit der Technik, die Audi vor drei Jahrzehnten als Erster eingesetzt hat.

1985 führt Deutschland die Abgassonderuntersuchung (ASU) ein, bei der regelmäßig die tatsächlichen Abgaswerte von Pkw mit den vom Hersteller vorgegebenen Werten verglichen werden. Der nur für Benzinmotoren vorgeschriebene Test wird 1993 durch die Abgasuntersuchung (AU) ersetzt, die auch Dieselfahrzeuge absolvieren müssen. Seit 2010 ist die AU Bestandteil der Hauptuntersuchung, die bis dahin zusätzliche Plakette auf dem Nummernschild entfällt.

Mercedes-Benz W 124

Luxuswagen:
Audi schockt das Establishment

PLATZ 1

Mercedes-Benz (W 123 / W 124)

Mercedes schafft mit dem W 123 (siehe auch Seite 69) das Kunststück, im Jahr 1980 den VW Golf als meistverkauftes Auto zu verdrängen. Der 300 TD ist in Deutschland der erste Pkw mit Turbodiesel-Motor. Ab 1984 ist die Nachfolgegeneration W 124 im Handel, die technisch und optisch starke Anleihen an der neuen Baureihe W 201 (190er) nimmt. Neues Topmodell ist der 300 E mit zunächst 190 PS, später aufgrund des Katalysators mit 180 PS. Gebaut wird der W 124 als Stufenheck-Limousine, Kombi, Cabriolet und Coupé. Im Bereich Sicherheit (z. B. ABS ab 1987 Serie) setzt die Baureihe Maßstäbe.

Wussten Sie schon?

Die Baureihe W 124 ist der erste Pkw, den Mercedes auf Wunsch auch mit Allradantrieb (4Matic) anbietet.

2.000.000	2.500.000	3.000.000	3.500.000	ca. 660.000

Audi V8

PLATZ 2

Audi 200 / Audi V8

Die Platzhirsche Mercedes und BMW kommen in den 1980er Jahren erstmals unter Druck von Audi. Mit dem Modell 200 – im Prinzip eine besser motorisierte und ausgestattete Variante des Audi 100 – etabliert sich die Marke in der Oberklasse. Das Topmodell hat einen 2,2-Liter-Fünfzylinder-Turbomotor mit 220 PS (ab1989). Er ist mit einer Spitzengeschwindigkeit von 242 km/h eine der sportlichsten Limousinen ihrer Zeit. Noch einmal 30 PS mehr hat der V8. Der schwere Achtzylinder kann allerdings trotz permanentem Allradantrieb nicht so recht überzeugen.

ca. 500.000

BMW 5er (E34)

PLATZ 3

BMW 5er (E28 / E34)

Mit dem Baureihenwechsel zum E28 (1981) wertet BMW den 5er technisch auf. Das Fahrwerk ist überarbeitet, außerdem bekommen die Benzinmotoren eine elektronische Einspritzung (einige Modelle ab 1986 Bosch Motronic). Zum ersten Mal wird auch eine Sportversion mit dem magischen M im Namen angeboten. Der M5 leistet 286 PS. 1988 folgt der Generationswechsel zum E34, der sich optisch an der 7er Baureihe orientiert. Von dieser Baureihe gibt es erstmals auch einen Kombi (Touring) sowie Versionen mit Allradantrieb. Der M5 hat nun 315 PS.

ca. 480.000

BMW 7er (E32)

PLATZ 4

BMW 7er (E23 / E32)

1980 rundet der BMW 745i mit 252 PS starkem Turbomotor die Baureihe E23 (siehe Seite 71) nach oben ab. Kurz nach dem Generationswechsel zum E32 (1986, charakteristisches Kennzeichen: L-förmige Rückleuchten) präsentiert BMW den ersten deutschen Zwölfzylindermotor der Nachkriegszeit. Im 750i leistet das Fünfliter-Triebwerk 299 PS. Er läuft „nur" 250 km/h, weil die Motorelektronik bei dieser Geschwindigkeit automatisch abregelt. Aber auch die Sechszylinder der Baureihe sind keine Schwächlinge. Bereits der 730i hat mit Katalysator 188 PS.

ca. 133.000

Opel Senator/Monza (A2)

PLATZ 5

Opel Senator (A2 / B)

Opel verliert mit den ersten beiden Modellgenerationen von Senator und Monza (A1, ab 1983 dann A2) spürbar an Boden gegenüber der Konkurrenz in der Luxusklasse. Abhilfe soll der auf Basis des Omega entwickelte Senator B (ab 1987) bringen. Doch das exklusive Publikum verzeiht die große technische und optische Nähe zum „Brot-und-Butter-Auto" Omega nicht. Offensichtlich erachtet man die relativ einfache Ausstattung und die schwache Motorisierung – das werksseitige Maximum sind 204 PS, Tuner Irmscher bietet 272 PS – als nicht ganz standesgemäß.

ca. 66.000

VW Scirocco II

Sportwagen:
Zunehmende Markenvielfalt

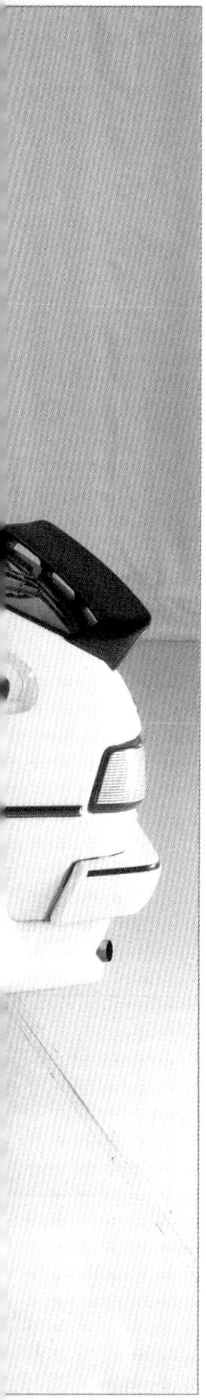

PLATZ 1

VW Scirocco II

Obwohl der 1981 präsentierte Scirocco II weiterhin auf der Plattform des Golf I basiert, bietet er mehr Platz als der Vorgänger. Durch das höhere Gewicht geht allerdings auch ein Teil der Sportlichkeit verloren. Neue, stärkere Motoren schaffen Abhilfe, das 1,3-Liter-Basismodell mit nur 60 PS entfällt 1982. Mit zahlreichen Sondermodellen (u. a. White Cat) und einem neuen Topmodell – GTI 16V mit 129 PS in der Katalysatorversion (ab 1986) – wird der Verkauf zusätzlich angekurbelt. Ab 1988 leidet der Scirocco unter der hausinternen Konkurrenz des Corrado.

Wussten Sie schon?

Die Rückleuchten des Scirocco II werden auch im Sportwagen Aston Martin Virage (ab 1988) verbaut.

200.000 250.000 300.000 350.000 **ca. 109.000**

Opel Manta B

PLATZ 2

Opel Manta B

Die ursprünglich üppige Motorenpalette des Manta B wird 1981 auf drei Triebwerke zwischen 1,3 Liter (75 PS) und 2,0 Liter Hubraum (110 PS) reduziert. Als Homologationsmodell für den Rallyesport kommt der Manta 400 (2,4-Liter-Vierzylinder mit 144 PS) hinzu, der technisch auf dem Ascona 400 aufbaut, mit dem Walter Röhrl 1982 Weltmeister wird. Ab dem Modelljahr 1988 wird nur noch der 110 PS starke Manta GSI gebaut, weiterhin auch als Kombi-Coupé (Manta CC) mit Heckklappe. Im August 1988 wird die Produktion nach mehr als einer Million Exemplaren eingestellt.

Wussten Sie schon?

1991 setzen gleich zwei Kinofilme (u. a. mit Til Schweiger in einer Hauptrolle) dem Manta B ein Denkmal.

200.000 250.000 300.000 350.000 **ca. 65.500**

Porsche 911 (964) Turbo 3.6

PLATZ 3

Porsche 911 (G-Modell / 964)

Beinahe hätte Porsche den Klassiker 911 Anfang der 1980er Jahre zu Gunsten der moderneren Modelle 928 und 944 eingestellt. Ein Wechsel im Vorstand stoppt diesen Plan, stattdessen werden die Motoren weiterentwickelt und ein Cabriolet zusätzlich zu Coupé und Targa präsentiert. Der 911 SC heißt ab 1984 wieder Carrera und hat nun 231 PS. 1989 sorgt ausgerechnet der fast gestoppte 911er, nun in der neuen Modellgeneration 964, für die Rettung der Marke. Der auf 3,6 Liter vergrößerte Saugmotor leistet 250 PS, es gibt auch eine Allradvariante (Carrera 4) und einen Turbo mit 320 bzw. 360 PS.

Wussten Sie schon?

Das Modell 964 ist der erste 911er, der auch mit Allradantrieb (entwickelt für den 959) gebaut wird.

200.000 250.000 300.000 350.000 **ca. 42.000**

PLATZ 4

Porsche 944 S / S2

Der Porsche 944 ersetzt den wegen seiner auf VW-Komponenten beruhenden Technik wenig geliebten, gleichwohl recht gut verkauften 924. Sein 2,5-Liter-Vierzylinder (163 PS) ist ein echter Porsche-Motor. 1986 steigt die Leistung durch einen Vierventil-Zylinderkopf auf 190 PS (mit Turbolader 220 PS). Durch eine Hubraumerhöhung auf drei Liter – zu der Zeit der größte Serienvierzylinder der Welt – werden daraus 1988 beim Porsche 944 S2 sogar 211 PS. Die Spitze stellt die Sonderserie 944 Turbo S dar, die 250 PS und eine Höchstgeschwindigkeit von 260 km/h bietet.

ca. 29.000

PLATZ 5

Mercedes-Benz SL(C) (R 107 / C 107)

Von der zuvor aus Coupé (C 107) und Roadster (R 107) bestehenden Baureihe wird ab 1981 nur noch das zweisitzige Cabriolet gebaut. Mit einer Produktionszeit von 18 Jahren ist der R 107 der am längsten gebaute Mercedes-Benz. Erhältlich ist für Open-Air-Fans nun auch der Fünfliter-Achtzylinder (zunächst 231 PS, später 245 PS). 1985 fällt im Rahmen einer Modellüberarbeitung der 280 SL weg, dafür gibt es jetzt den hauptsächlich für den US-Export gebauten 560 SL mit 231 PS starkem 5,6-Liter-V8. 1989 wird die Baureihe durch den Nachfolger R 129 abgelöst.

ca. 24.000

PLATZ 6

VW Corrado

Auf Basis des Golf II entwickeln die Ingenieure in Wolfsburg Anfang der 1980er Jahre unter dem internen Code EA 494 ein neues Sport-Coupé, welches den Scirocco ablösen soll. Mit seinem deutlich höheren Verkaufspreis kann er allerdings bei der sportlich orientierten Kundschaft keine große Begeisterung auslösen, sodass die Gesamtproduktion weit hinter den Erwatungen zurück bleibt. Heute ist der Corrado eine gesuchte Rarität.

ca. 20.000

ca. 19.000

PLATZ 7 Ford Capri II

1981 ersetzt ein neuer 2,8-Liter-V6 (160 PS) mit Benzineinspritzung den traditionellen Dreiliter-Sechszylinder britischer Herkunft. Selten ist ein weiterer V6, der mit Turbolader 188 PS leistet. Die neuen Motoren kurbeln die Verkaufszahlen wieder an und verlängern die geplante Produktionszeit des Capri. Erst ab 1984 wird er nicht mehr in Deutschland verkauft, als Rechtslenker aber noch bis 1989 gebaut.

ca. 18.400

PLATZ 8 Porsche 924

Der Porsche 924 bricht mit den Traditionen der Marke. Der Motor ist vorne eingebaut, außerdem wassergekühlt. Der Zweiliter-Vierzylinder von Audi leistet zudem nur vergleichsweise schwache 125 PS, mit Turbolader immerhin bis zu 177 PS. 1985 wird er durch den 2,5-Liter-Motor des Porsche 944 (150 PS) abgelöst. Ein Sonderfall für den Motorsporteinsatz ist der 924 Carrera GT mit 210 PS.

ca. 18.000

PLATZ 9 Renault Fuego

Als Renault 1980 den Fuego präsentiert, vermissen Fans das mit dem Namen versprochene „Feuer" – bei 110 PS ist Schluss. Die Fachwelt sieht das anders: Das auf dem Renault 18 basierende Coupé bekommt 1980 das „Goldene Lenkrad". Ab 1983 gibt es eine Turbo-Variante mit 132 PS, dazu ab 1985 bis Produktionsende 1987 zusätzlich einen 2,2-Liter-Saugmotor mit 102 PS.

ca. 13.000

PLATZ 10 BMW 6er (E24)

1982 überarbeitet BMW das 6er Coupé gründlich. Fahrwerk und Motoren werden auf den Stand des kurz zuvor präsentierten neuen 5er (E28) gebracht. Spitzenmodell ist der M 635 CSI mit 286 PS starkem 3,5-Liter-Reihensechszylinder (ab 1984). Nach einem Facelift im Jahr 1987 erhält der 6er neue Spoilerstoßstangen und Ellipsoid-Scheinwerfer. Der bis dahin gebaute 628 CSI (184 PS) entfällt.

Mitsubishi Pajero

Stückzahl 25.000 50.000 75.000  100.000 150.00

Geländewagen:
Vom Bau auf den Boulevard

PLATZ 1

Mitsubishi Pajero (L040)

Anfang der 1980er Jahre schickt sich Mitsubishi an, auch den Markt für Geländewagen zu erobern. Spätestens seit den ersten Erfolgen bei der Rallye Paris-Dakar geht der Plan auf. Zumal die Japaner als eine der Ersten Allradler anbieten, die nicht nur als Arbeitstiere taugen. Auf Basis des Pajero baut Mitsubishi auch einen Pickup (L200) und einen Allrad-Van (L300). Die erste Pajero-Generation wird von einem 2,6-Liter-Benziner (103 PS, ab 1989 als Dreiliter-V6 mit 141 PS) oder einem 2,3-Liter-Turbodiesel (84 PS, später mit 2,5 Liter Hubraum und 95 PS) angetrieben.

Wussten Sie schon?

Weil Pajero im Spanischen ein Schimpfwort ist, wird in entsprechenden Ländern der Name Montero verwendet.

200.000 250.000 300.000 350.000 **ca. 78.000**

Suzuki SJ 413

PLATZ 2

Suzuki SJ 410 / 413

Suzuki hatte sich mit dem Mini-Geländewagen LJ 80 bereits einen Namen gemacht, als 1982 der etwas größere SJ 410 präsentiert wird. Mit seinem 1,0-Liter-Benziner (45 PS) und dem Cabrio-Verdeck ist er dennoch in erster Linie ein Spaßmobil für die Freizeit. 1985 wird dieser Motor durch einen 1,3-Liter-Benziner mit 64 PS (später mit Katalysator 60 PS) ersetzt. Die Modellbezeichnung ändert sich analog auf SJ 413. Beide Modelle werden mit kurzem und langem Radstand gebaut. Der bis 1988 gebaute SJ 413 verfügt über einen zuschaltbaren Allradantrieb samt Geländeuntersetzung.

ca. 70.000

Toyota Landcruiser

PLATZ 3

Toyota Landcruiser (J4 / J7)

Der Toyota Landcruiser ist für den harten Geländeeinsatz gebaut. Auch in Deutschland erfreut sich die als „Buschtaxi" berühmt gewordene Baureihe J4 (Pickup und Kombi) großer Beliebtheit unter Offroad-Fans. Die Motoren (4,2-Liter-Benziner mit 135 PS, 3,0-Liter-Diesel mit 76 PS) gelten als unzerstörbar. 1985 kommt die Baureihe J7 mit 2,4-Liter-Benziner (105 PS) und gleich großem Diesel (72 PS) auf den Markt. Ein Jahr später ersetzt ein Turbodiesel (86 PS) den Saugdiesel, ab 1987 wird in Deutschland der Benziner nicht mehr angeboten.

ca. 36.000

Nissan Patrol

PLATZ 4

Nissan Patrol (160 / 260 / Y60)

Die Geschichte des Nissan Patrol beginnt in Deutschland mit dem Modell 160 (ab 1980). Für den mit Soft- oder Hardtop sowie als Pickup gebauten Japaner stehen ein Benziner (120 PS) und ein Diesel (95 PS, ab 1985 als Turbodiesel mit 110 PS) zur Wahl. 1988 präsentiert Nissan den stark überarbeiteten Patrol GR (Baureihe Y60, z. B. Schrauben- statt Blattfedern), der parallel zu dem in Spanien weiterhin gebauten Vorgänger (Modellcode 260) angeboten wird. In Deutschland gibt es ausschließlich Dieselmotoren (2,8 Liter, später 3,3 Liter).

ca. 34.000

Mercedes-Benz G-Modell

PLATZ 5

Mercedes-Benz G-Modell (W 460)

Ursprünglich auf Wunsch des iranischen Militärs – der Staat ist in den 1970er Jahren Anteilseigner bei Daimler-Benz – entwickelt, wird der ab 1979 gebaute Mercedes G in Deutschland hauptsächlich von Bundeswehr, Katastrophenschutz und ähnlichen Institutionen eingesetzt. Das in Österreich gebaute G-Modell wird in einigen Ländern unter dem Markennamen Puch verkauft. Die Motoren stammen aus den Pkw-Baureihen von Mercedes. Die Palette reicht bis zum 156 PS starken 280 GE, mit dessen Rennversion Jacky Ickx 1983 die Rallye Paris-Dakar gewinnt.

ca. 15.000

IN AE 131
A2
1990-1999

M TC 8869
M Z 3933

Innovative Konzepte setzen sich durch

Für Autohändler gleicht die Bundesrepublik einem Schlaraffenland. Die Wiedervereinigung Deutschlands weckt einen ungeheuren Nachholbedarf bei den Bürgern der neuen Bundesländer. Von dieser Euphorie profitieren neben Platzhirsch VW – auch mit der wieder belebten Konzernmarke Skoda – vor allem die preiswerten Neulinge aus Korea. Hyundai (seit 1991), Kia (seit 1993) und Daewoo (seit 1994) erleben auf dem deutschen Markt einen beinahe so rasanten Aufstieg wie zwei Jahrzehnte zuvor die Japaner.

Erfolge feiern besonders die Marken, die vor allem solche Autos bauen, die wirklich den Kundenbedürfnissen entsprechen. Dies sind immer häufiger Großraumlimousinen. Dabei ist Renault, das mit dem Espace diese Fahrzeugklasse überhaupt erst nach Europa gebracht hat, der Konkurrenz mal wieder eine Nasenlänge voraus. Während andere Hersteller auf eher voluminöse Modelle vom Schlage eines VW Sharan (1995) oder Fiat Ulysse (1994) setzen, punkten die Franzosen mit dem ersten Minivan auf Basis einer Kompaktlimousine. Aber auch der Renault Megane Scénic (1996) findet schnell viele Nachahmer, dieses Segment verzeichnet lange die stärksten Wachstumsraten.

Ein paar Nummern kleiner überrascht ein völlig neues Konzept: Der Smart (1998) kann sich als Zweisitzer sogar hinter solchen Zwergen wie Nissan Micra, Fiat Cinquecento (beide 1992), Ford Ka (1997) oder VW Lupo (1998) verstecken.

Doch das Jahrzehnt ist nicht nur vernünftig. Zum Träumen regen Sportskanonen wie der 700.000 Mark teure Bugatti EB 110 (1991), der 550 PS starke Aston Martin Vantage (1992), der Zwölfzylinderbolide Ferrari 550 Maranello (1996) oder der dachlose Renault Sport Spider (1995) an.

Hauptsächlich aus dem Sport kommen auch die anderen guten Nachrichten. Deutschland wird zum dritten Mal Fußball-Weltmeister (1990), Michael Schumacher beginnt seine Siegesserie in der Formel 1 (erster Titel 1994), Jan Ullrich gewinnt als erster Deutscher die Tour de France (1997), Franzi van Almsick räumt im Schwimmen ab, und mit Michael Stich (Wimbledonsieg 1991) haben die Deutschen neben „Bummbumm" Becker und Steffi Graf plötzlich ein drittes As im Ärmel. Die ganze Welt hält jedoch den Atem an, als Ayrton Senna in Imola tödlich verunglückt (1994) und Prinzessin Diana bei einem Autounfall in Paris ums Leben kommt (1997).

Beinahe ein politisches Erdbeben erschüttert Deutschland. Gerhard Schröder beendet die 16-jährige Kanzlerschaft von Helmut Kohl (1998) und macht den Grünen und ehemaligen Revoluzzer Joseph Martin „Joschka" Fischer zum Außenminister. Die Weltpolitik wird bestimmt vom Auseinanderbrechen der UdSSR und Jugoslawiens, dem ersten Golfkrieg (1990) und einer neuen Kategorie terroristischer Attentate. Nicht mehr Klassenkampf, sondern politisch-religiöse Hintergründe münden in Fanatismus. 1993 explodiert eine Bombe im New Yorker World Trade Center, 1998 sind die amerikanischen Botschaften in Nairobi (Kenia) und Daressalam (Tansania) das Ziel von Anschlägen. Noch mehr Todesopfer fordert eine neue Krankheit – die Immunschwäche AIDS.

VW Golf III

Stückzahl	250.000	500.000	750.000	1.000.000	1.500.0

Bestseller:
Neue Gegner für den Golf

PLATZ 1

VW Golf / Vento / Bora (III / IV)

Mit der dritten Generation wird der Golf erwachsener. Die Karosserie bietet mehr Platz, neuer Topmotor ist ein V6, der in zwei Varianten (174 PS bzw. 190 PS in Verbindung mit Allradantrieb) angeboten wird. 1993 revolutioniert VW das Image des Dieselmotors mit den TDI-Modellen (zunächst 90 PS). 1997 kommt die vierte Modellgeneration mit neuen Motoren (u. a. V5 mit 150 PS und Pumpe-Düse-TDI mit 110 PS) auf den Markt. Neben der Limousine gibt es weiterhin das Cabriolet, den Kombi (Variant) sowie die Stufenheckvariante (Vento bzw. Bora ab Generation IV).

Wussten Sie schon?

Das Cabriolet des Golf IV ist technisch ein Golf III – der neuen Generation wird nur die Optik angepasst.

2.000.000 | 2.500.000 | 3.000.000 | 3.500.000 | **ca. 3,3 Mio.**

Opel Astra F

Stückzahl 250.000 500.000 750.000 1.000.000 1.500.0

PLATZ 2

Opel Astra (F / G)

Der Nachfolger des Kadett erhält den Kunstnamen Astra (ab 1991). An den Basisdaten ändert sich nur wenig. Die Leistungsspanne reicht von 60 PS bis zu 150 PS im GSI 16V. Ab 1993 setzt auch Opel bei den Dieseln ausschließlich auf Turbolader. Ab 1994 sind Airbags für Fahrer und Beifahrer serienmäßig, ab 1996 auch Bremsen-ABS. Mit dem Wechsel zur Modellgeneration G erhält die Topversion (jetzt 160 PS) das Kürzel OPC (für Opel Performance Center). Vom Astra G gibt es neben Schrägheck, Stufenheck, Kombi und Cabriolet erstmals auch ein Coupé.

Wussten Sie schon?

Der Astra heißt „Astra", weil Testpersonen den Namen mit High-tech (z. B. Raumfahrt) in Verbindung bringen.

2.000.000 2.500.000 3.000.000 3.500.000

ca. 2 Mio.

Die Lieblingsautos der Deutschen

BMW 3er (E36)

Stückzahl 250.000 500.000 750.000 1.000.000 1.500.00

PLATZ 3

BMW 3er (E36 / E46)

Mit der neuen 3er-Generation (E36) werden eine Coupé-Variante (ab 1992) und der Compact mit Schrägheck (1993) neu eingeführt. Dafür gibt es keinen Allradantrieb mehr. Als Einsteigermodell ist der 316i (99 bis 105 PS) konzipiert, der genauso wie der 318i einen Vierzylindermotor hat. Ab dem 320i kommen Sechszylinder zum Einsatz, vom 320i mit 150 PS bis zum M3 (als Limousine, Cabrio oder Coupé) mit 286 PS (321 PS ab 1996). Während die Limousine bereits 1998 abgelöst wird (E46), werden alle anderen Karosserieversionen des E36 noch fast zwei Jahre länger gebaut.

Wussten Sie schon?

Bei einer bivalenten Variante vom E36 (316g) nimmt ein Erdgastank den Platz der Rücksitzbank ein.

2.000.000 2.500.000 3.000.000 3.500.000 **ca. 1,3 Mio.**

PLATZ 4

Opel Vectra (A / B)

Der Vectra hat 1988 den Ascona abgelöst. Bei den Benzinern (1,6 bis 2,0 Liter Hubraum, 75 bis 150 PS) setzt Opel auf Einspritztechnik, außerdem sind zwei Diesel (57 PS bzw. 82 PS mit Turbolader) im Angebot. Ein 2,0-Liter-Turbobenziner (204 PS) wird nur kurze Zeit gebaut, ab 1993 kommt ein V6 (170 PS) dazu. 1995 folgt der Wechsel auf die Vectra-Generation B mit modernisierter Motorenpalette. Neu sind z. B. ein 2,2-Liter-Benziner (147 PS) und ein 2,0-Liter-Turbodiesel mit Direkteinspritzung (82 PS bzw. 101 PS mit Ladeluftkühler).

ca. 1,2 Mio.

PLATZ 5

VW Passat (B3 / B4 / B5)

Mit der Modellgeneration B4 (ab 1994) wird das Design des Passat wieder konservativer (z. B. herkömmlicher Kühlergrill). Bei den Dieselmotoren (Pumpe-Düse-Technik) und der Sicherheitsausstattung (z. B. zwei Airbags und ABS serienmäßig) läutet VW dagegen die Zukunft ein. Mit dem Wechsel zur Baureihe B5 ab 1996 steigt außerdem die Qualität (z. B. vollverzinkte Karosserie) deutlich. Das Motorenspektrum beginnt beim 1,6-Liter-Benziner (100 PS), Spitzentriebwerke sind ein 2,8-Liter-V6 (193 PS) und ein 2,5-Liter-Turbodiesel (150 PS).

ca. 1,12 Mio.

PLATZ 6

Opel Corsa

Nur vier Jahre (1993 bis 1997) wird die zweite Generation des Opel Corsa gebaut. Die bereits aus dem Corsa A bekannten Motoren ergänzt ein 1,6-Liter-Benziner mit 109 PS im Corsa GSI (ab 1994 neuer Motor mit 106 PS). Ab 1997 gibt es außerdem eine Dreizylinder-Sparversion mit 54 PS und elektrohydraulischer Servolenkung. Weitere neue Motoren ergänzen das Angebot im Laufe der Jahre. Außerdem wird mit einem Facelift 1997 (z. B. geänderte Front- und Heckschürze sowie Seitenschweller) die Optik leicht überarbeitet. (Mehr zum Opel Corsa auf Seite 153)

ca. 1,1 Mio.

ca. 1 Mio.

PLATZ 7 VW Polo (II / III)

1990 überarbeitet VW den Polo optisch stark. Die Baureihe 2F (für zweite Generation Facelift) erhält u. a. einen modernisierten Innenraum (u. a. Armaturenbrett), großflächigere Stoßfänger und leistungsfähigere Scheinwerfer. Der Verkaufserfolg überrascht VW, der Erscheinungstermin des völlig neuen Polo III wird auf 1994 verschoben. (Mehr zum VW Polo auf Seite 154)

ca. 900.000

PLATZ 8 Audi 80 (B4) / Audi A4 (B5)

Mit der Modellgeneration B (ab 1991) lässt Audi die Modellbezeichnung 90 fallen. Der Audi 80 wird noch bis 1995 gebaut (Cabriolet bis 2000). Topmodel ist der gemeinsam mit Porsche entwickelte RS2 (Fünfzylinder-Turbomotor, Allrad) mit 315 PS. Nachfolger ist der völlig neu designte Audi A4. Eine Besonderheit sind die mit Fünfventil-Zylinderkopf versehenen Benziner.

ca. 830.000

PLATZ 9 Ford Fiesta (Mk III / Mk IV / MKV)

Im Vergleich zum Vorgänger ist der Fiesta Mk III eine völlige Neuentwicklung. Das Motorenangebot in Deutschland reicht nun von 50 bis 130 PS. Auf Fiesta-Basis baut Ford außerdem den Lieferwagen Courier. 1995 wird die technisch wenig, optisch dagegen stark veränderte Generation Mk IV präsentiert. (Mehr zum Ford Fiesta auf Seite 157)

ca. 760.000

PLATZ 10 Mercedes-Benz C-Klasse (W 202)

Die C-Klasse ist 1993 Nachfolger des 190er „Baby-Benz". Neu ist eine Kombiversion (T-Modell, ab 1996). Highlight unter den neu entwickelten Motoren sind V6-Benziner mit Doppelzündung und Turbodiesel, bei denen Mercedes Vorreiter in Sachen Vierventiltechnik ist. Haustuner AMG sorgt für besonders leistungsstarke Varianten (z. B. C 36 AMG mit 280 PS).

Renault Twingo I

Importwagen:
Frankreich führt

PLATZ 1

Renault Twingo I

In den 1990er Jahren kommen gleich Platz 1 und 2 in der Import-Hitliste von Renault. Obwohl er auf einem mehr als zehn Jahre alten Konzept beruht, ist der 1993 präsentierte Twingo auf Anhieb ein Verkaufsschlager. Das sympathische Design und der variable Innenraum – unterstützt von pfiffiger Werbung – machen ihn besonders bei Frauen beliebt. Jahrelang wird nur eine Motorvariante (1,3-Liter-Benziner mit 54 PS) angeboten, später besteht die Wahl zwischen zwei Leistungsversionen (60 oder 75 PS) eines 1,2-Liter-Benziners.

Wussten Sie schon?

Greenpeace baut auf Basis des Twingo die besonders umweltfreundliche Studie „Smile“ (1996).

2.000.000 2.500.000 3.000.000 3.500.000 **ca. 370.000**

Renault Clio I

PLATZ 2

Renault Clio I (Typ 57) / II (Typ B)

Bereits drei Jahre vor dem Twingo startet Renault mit dem etwas größeren Clio. Zunächst ist motorenseitig bei 88 PS Schluss. Die Partnerschaft mit dem Formel-1-Team Williams führt dann 1994 zum Clio Williams mit 147 PS. Er ist zu erkennen an Spoilern und verbreiterten Kotflügeln aus flexiblem Kunststoff, die z. B. Parkrempler unbeschadet überstehen. Mit einem Facelift 1996 erhält der Clio eine neue Front (z. B. neue Scheinwerfer). Optisch noch stärker unterscheidet sich die zweite Modellgeneration, die 1998 auf den Markt kommt.

Wussten Sie schon?

Renault-Haustuner Elia bietet von 1992 bis 1996 ein Clio Cabriolet mit Stoffverdeck als Bausatz an.

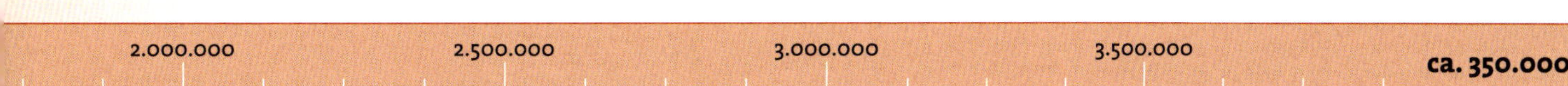

Fiat Punto I

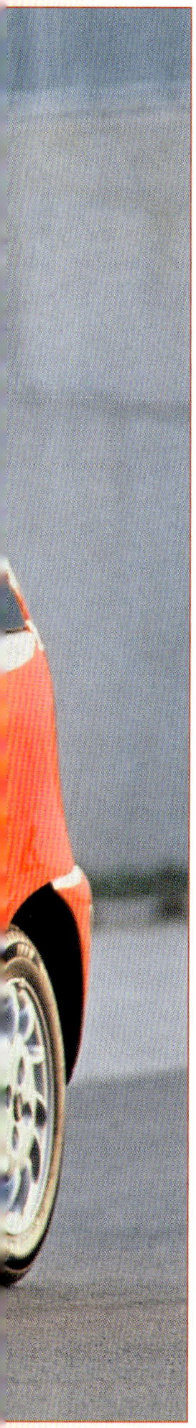

PLATZ 3

Fiat Punto I (Typ 176) / II (Typ 188)

1993 ersetzt Fiat den Uno durch den komplett neu entwickelten Punto. Die Kunden honorieren den deutlichen Qualitätssprung (z. B. verzinkte Karosserie), der Punto avanciert zweitweise sogar zum meistverkauften Auto Europas (1996). Bei den Benzinern reicht das Angebot von 55 PS bis 133 PS im Punto GT mit Turbomotor. Eine Besonderheit ist das Modell „Selecta" mit stufenlosem Automatikgetriebe. Zusätzlich zur Limousine gibt es ein Cabriolet. 1999, zum 100. Geburtstag von Fiat, wird die zweite Modellgeneration präsentiert.

Wussten Sie schon?

Der Fiat Punto wird 1995 als Europas „Auto des Jahres" ausgezeichnet.

2.000.000 2.500.000 3.000.000 3.500.000 **ca. 290.000**

PLATZ 4

Mazda 323 (BG / BA)

Mit der Generation BG (ab 1989), von der neben der Limousine (Schräg- und Stufenheck) auch ein Coupé (323 F) gebaut wird, entwickelt Mazda Sportsgeist. So gibt es als Basisfahrzeug für die Rallye-Weltmeisterschaft eine Allradversion mit 185 PS starkem Turbomotor. Nach dem Wechsel zur Baureihe BA (1994) ist es damit vorbei. Stärkste Variante ist jetzt ein 2,0-Liter-Sechszylinder mit 144 PS, der nur im Coupé angeboten wird. 1998 stellt Mazda alle Karosserievarianten bis auf den ein Jahr zuvor präsentierten Dreitürer mit Schrägheck (323 P) ein.

ca. 270.000

PLATZ 5

Toyota Corolla (E9 / E10 / E11)

Die 1992 präsentierte Baureihe E10 des Corolla hat zwar eine neu entwickelte Plattform (z. B. Fahrwerk mit Federbeinen ringsum), technisch ändert sich aber nur wenig im Vergleich zum Vorgänger (E9). Bei den Benzinmotoren bleibt alles beim Alten (72 bis 114 PS), neu ist allerdings ein 2,0-Liter-Diesel (72 PS). 1997 kommt die nächste Generation (E11), die mit Schrägheck (Compact und Liftback), Stufenheck und als Kombi gebaut wird und an Rundscheinwerfern zu erkennen ist. 1999 wird Toyota mit dem Corolla WRC Rallye-Weltmeister.

ca. 245.000

PLATZ 6

Renault Mégane / Mégane Scenic I

1995 bringt Renault den Mégane zunächst als Limousine (Schrägheck) und Coupé auf den Markt. Später folgen Stufenheck und Cabriolet. In Deutschland am beliebtesten ist die Minvan-Version Scenic (ab 1997). Mit diesem Karosseriekonzept (hohes, aber vergleichsweise kurzes Auto) setzt Renault erneut einen Trend. Beliebt sind vor allem die sparsamen Turbodieselmotoren (64 bis 98 PS).

ca. 230.000

ca. 220.000

PLATZ 7 Seat Ibiza / Cordoba I (021A) / II (6K)

Durch die Eingliederung in den Volkswagen-Konzern weht bei der spanischen Marke Seat ein frischer Wind. Ein Beispiel dafür ist der Ibiza, der ab 1993 (Typ 6K) technisch auf dem VW Polo basiert. Seat positioniert den Ibiza und den Stufenheck-Ableger Cordoba allerdings sportlicher. So gibt es die Topversion Ibiza Cupra mit 180 PS starkem Turbomotor (von Audi).

ca. 210.000

PLATZ 8 Renault 19

Der Renault 19 ist der für Europa bis 1995 (Cabriolet bei Karmann in Osnabrück bis 1997 gebaut) produzierte Vorläufer des Mégane. In der Schrägheck-Variante ist er in Deutschland regelmäßig meistverkauftes Importauto (pro Jahr ca. 100.000 Exemplare), das Stufenheck (Chamade, ab 1992 Bellevue) findet dagegen bei uns nur wenige Liebhaber. Topversion ist der R19 16V mit 136 PS.

ca. 205.000

PLATZ 9 Honda Civic (4/5/6) / CRX (3)

Bei der vierten Civic-Serie (1991 bis 1995) setzt Honda voll auf Benziner mit variabler Ventilsteuerung VTEC (75 bis 160 PS). In der sechsten Generation (ab 1995) kommen zusätzliche Karosserievarianten (Coupé und Kombi) hinzu. In der letzten Baureihe (1992 bis 1998) wird der zweisitzige CRX (125 oder 160 PS) ausschließlich mit Targa-Dach gebaut.

ca. 185.000

PLATZ 10 Mazda 626 (GD / GE / GF)

Mit dem Wechsel auf die Baureihe GE (ab 1992) wird das Design der Limousine sportlicher (z. B. in Heckklappe integrierter Spoiler), das Coupé erhält als MX-6 mehr Eigenständigkeit. Mit der nächsten Generation (GF, ab 1997) ist auch der Kombi eine Neuentwicklung. Zur Wahl stehen Benziner mit 90 bis 136 und ein 2,0-Liter-Turbodiesel mit Direkteinspritzung und 100 PS.

Notizen aus der Automobilwelt

Unfallversuche – sogenannte Crashtests – sind bei der Konstruktion neuer Pkw in den 1990er Jahren längst Standard. Was fehlt, ist eine unabhängige Instanz zur Überprüfung der von den Herstellern reklamierten Ergebnisse. 1996 gründen große Automobilclubs deswegen die Organisation Euro NCAP (European New Car Assessment Programme – Europäisches Neuwagen-Bewertungs-Programm). 1997 führt Euro NCAP den ersten Reihencrashtest durch, der Fahrzeuge mit bis zu fünf Sternen bewertet. Durch geschickte Öffentlichkeitsarbeit erreicht es Euro NCAP im Laufe der Jahre, auch ohne gesetzliche Relevanz praktisch als einzig gültiger Maßstab für die Sicherheit eines Fahrzeugs anerkannt zu werden. Heute bewertet Euro NCAP neben der Insassensicherheit auch den Fußgängerschutz, die Kindersicherheit sowie die Funktion aktiver Sicherheitssysteme (z. B. ESP).

ESP (Elektronisches Stabilitätsprogramm) ist 1995 in aller Munde, weil in Schweden ein deutsches Auto bei einem Ausweichmanöver umkippt – die Mercedes-Benz A-Klasse blamiert sich beim sogenannten Elchtest. Als Gegenmittel stattet Mercedes die A-Klasse ab 1997 serienmäßig mit dem ursprünglich für die S-Klasse entwickelten ESP aus. ESP kann etwas, was auch der beste Rennfahrer nicht kann: ein schleuderndes Fahrzeug durch das Abbremsen eines einzelnen Rades zu stabilisieren. Gleichzeitig wird automatisch die Motorleistung reduziert. Damit kann ESP viele Unfallsituationen entschärfen. Heute ist das Stabilitätsprogramm beinahe Standard. Die neueste Generation greift sogar aktiv in die Lenkung ein.

1997 präsentiert Toyota das erste Hybrid-Fahrzeug, das serienmäßig zusätzlich zum Benzinmotor mit einem Elektromotor ausgerüstet ist. Die Batterien werden beim Bremsen automatisch aufgeladen (Rekuperation). Der Prius fährt rein elektrisch beim langsamen Anfahren und im Rückwärtsgang. Verlangt der Fahrer mehr Leistung, wird der Benzinmotor automatisch gestartet.

Der VW New Beetle läutet 1999 die Welle der sogenannten Retromobile ein, deren Design sich auf historische Vorbilder beruft. Noch erfolgreicher sind später der wiederbelebte Mini (ab 2001) und der Fiat 500 (ab 2007).

Zwei Entwicklungen markieren die Fortschritte der Motorenentwicklung in den 1990er Jahren. 1997 setzt Mitsubishi im Carisma zum ersten Mal für Serienfahrzeuge einen Benzinmotor ein, der mit einer Direkteinspritzung arbeitet. Diese Technik verwendeten bis dahin nur Rennwagen. Ein Jahr später führt Alfa Romeo im Modell 156 die Commonrail-Direkteinspritzung für Dieselmotoren ein. Bei diesem System wird nicht jeder Zylinder einzeln von einem Pumpe-Düse-Element mit Kraftstoff versorgt, sondern der nötige Druck in einer für alle Zylinder gemeinsamen Speicherleitung (englisch: common rail) aufgebaut. Die neue Technologie ist leiser und lässt sich besser steuern. Heute haben deshalb die weitaus meisten Turbodiesel eine Commonrail-Einspritzung.

Lange ist es ruhig gewesen um den Geschwindigkeitsweltrekord für Landfahrzeuge. 1997 unternimmt der Brite Andy Green mit dem Raketen-Monster „Thrust SSC" einen neuen Anlauf. Am 15. Oktober 1997 erreicht er in der Black-Rock-Wüste im US-Bundesstaat Nevada 1227 km/h und ist damit als erster Autofahrer – im weitesten Sinne – schneller als der Schall.

Weniger erfolgreich verlaufen dagegen die von einigen Herstellern angestoßenen Vereinigungen, im Fachjargon Merger genannt. Die größte Aufmerksamkeit erregt der Zusammenschluss des deutschen Vorzeigeunternehmens Daimler-Benz mit Chrysler, einem der Big-Three aus der US-Autometropole Detroit, im Jahr 1998. Die mit einem Marktwert von 35 Milliarden Euro veranschlagte Transaktion wird ein schmerzlicher Misserfolg: Statt der erwarteten Synergieeffekte leidet die Geschäftsbilanz des Superkonzerns. Nur neun Jahre später verkaufen die Deutschen die amerikanische Hälfte an den Investor Cerberus.

Seit 1951 gibt es die Formel 1, noch nie war ein Staatsbürger von Europas Autonation Nummer 1 – Deutschland – Weltmeister. Dies ändert sich 1994. Im Benetton-Team des Industriellen Flavio Briatore holt der Kerpener Michael Schumacher seinen ersten von heute sieben Titeln. Die „Schumi-Mania" erfasst ganz Deutschland, zeitweise fährt die Formel 1 zwei Mal pro Jahr in der Bundesrepublik. Fernsehübertragungen erreichen Rekordwerte, die nur noch von Fußball übertroffen werden. Im Kielwasser der Formel 1 wird der Motorsport insgesamt wieder gesellschaftsfähig.

Opel Corsa B

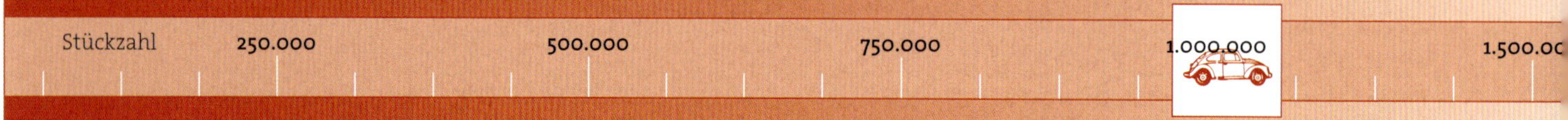

Kleinwagen:
Die ganz Kleinen kommen

PLATZ 1

Opel Corsa A / B

Der Corsa B (ab 1993, Facelift in 1997) verfügt zwar über eine neue Karosserie, doch die Technik stammt weitgehend von der Generation A. Vier Benziner (45 bis 109 PS im Corsa GSI) und zwei Diesel (50 und 67 PS) stehen zur Wahl. Im Laufe der Bauzeit wird die Motorenpalette mehrfach modernisiert. Neues Spitzentriebwerk wird ein 106 PS starker ECOTEC-Benziner mit 1,6 Litern Hubraum. 1997 kommt ein besonders sparsamer Dreizylinder-Benziner mit nur einem Liter Hubraum und 54 PS hinzu. Auf Basis des Corsa B baut Opel auch das Coupé Tigra (90 oder 106 PS).

Wussten Sie schon?

In Großbritannien wird der Opel Corsa als Vauxhall Nova und z. B. in Südamerika als Chevrolet Corsa verkauft.

2.000.000	2.500.000	3.000.000	3.500.000	ca. 1,1 Mio.

VW Polo III

Stückzahl 250.000 500.000 750.000 1.000.000 1.500.0

PLATZ 2

VW Polo II / III

Nach einer Bauzeit von 13 Jahren erhält 1994 der Polo II einen Nachfolger. Die Ausstattung ist immer noch vergleichsweise spartanisch, dafür stehen eine Vielzahl von Benzin- (45 bis 125 PS im GTI) und Dieselmotoren (57 bis 110 PS im TDI) zur Wahl. 1997 erfolgt ein großes Facelift (u. a. komplett neue Elektrik). Ein unerwarteter Verkaufserfolg wird das ursprünglich als Werbegag konzipierte Modell Harlekin mit vierfarbiger Karosserie. Die Stufenheckvariante heißt nun Polo Classic. 1999 wird der Polo III noch einmal geliftet (u. a. Klarglasscheinwerfer).

Wussten Sie schon?

Das Modell Polo Open Air zeichnet sich durch ein Stoff-Rollverdeck aus.

2.000.000 2.500.000 3.000.000 3.500.000 **ca. 1 Mio.**

Ford Firsta III

Stückzahl 250.000 500.000 750.000 1.000.000 1.500.0

PLATZ 3

Ford Fiesta (MK III / MK IV / MK V)

In der Baureihe III wird der Fiesta zum ersten Mal auch als Fünftürer gefertigt. Spitzenmodell ist der XR2i mit 130 PS. Ab 1995 wird die vierte Generation verkauft, die sich optisch deutlich, technisch aber nur wenig unterscheidet. Neu sind zwei Vierventil-Benziner mit 75 bzw. 90 PS, Letzterer stellt gleichzeitig die Spitze der Motorenpalette dar. Die Serie V (ab 1999) erhält wieder eine überarbeitete Karosserie. Neu sind ein 1,8-Liter-Turbodiesel (75 PS) und eine Sportversion mit 103 PS starkem Benziner. Partner Mazda verkauft den Fiesta als Modell 121.

Wussten Sie schon?

Der Ford Fiesta mit 133 PS starkem 1,6-Liter-Turbomotor wird in Deutschland nicht angeboten.

2.000.000 2.500.000 3.000.000 3.500.000 **ca. 830.000**

PLATZ 4

Mercedes-Benz A-Klasse (W 168)

Ab 1997 mischt Mercedes in der Kleinwagen-Kategorie mit. Die hohe Karosserie der A-Klasse bietet ungewöhnlich viel Platz, sorgt wegen des hohen Schwerpunkts durch einen missglückten Elch-Test aber auch für ungewollte Berühmtheit. Der kleinste Mercedes weist eine Reihe technischer Innovationen auf (z. B. Antischleudersystem ESP serienmäßig; Sandwich-Bauweise des Fahrzeugbodens, um alternative Antriebssysteme wie Brennstoffzellen aufzunehmen). Eingebaut werden allerdings nur Benziner mit 82 bis 125 PS (ab 1999) und Turbodiesel mit 60 bis 90 PS.

ca. 280.000

PLATZ 5

Ford Ka

Der 1996 präsentierte Ka ist einer der ersten Vertreter der Kategorie Kleinstwagen. Bei einer Länge von nur 3,60 Metern bietet er dennoch vier Personen Platz. Ford führt mit dem Ka das sogenannte New-Edge-Design ein. Die Technik stammt weitgehend vom Fiesta IV. Von ihm stammt auch der zunächst einzig verwendete 1,3-Liter-Benziner, der in zwei Leistungsstufen (50 und 60 PS) angeboten wird. Im Laufe der Jahre wird der Ka technisch mehrfach modernisiert, u. a. ab 2000 bequemere Sitze mit serienmäßigen Seitenairbags.

ca. 135.000

PLATZ 6

MCC Smart ForTwo (MC01)

Der Smart wird ursprünglich vom Uhrenhersteller Swatch gemeinsam mit Volkswagen entwickelt. Als VW seine Pläne ändert, schlägt Mercedes zu. 1998 wird der Zweisitzer präsentiert. Im Heck arbeitet ein Turbobenziner mit nur 0,6 Litern Hubraum, der seine je nach Variante 45 bis 61 PS mit einer Sechsgang-Halbautomatik auf die Hinterachse überträgt.

ca. 70.000

ca. 50.000

PLATZ 7 VW Lupo

Volkswagens eigener Kleinstwagen erlebt seine Premiere 1998. Im Gegensatz zum Smart bietet er bis zu fünf Sitzplätze. Mit einem 1,2-Liter-Turbodiesel (61 PS) ist der Lupo TDI das erste Serienfahrzeug, das die magische Verbrauchsgrenze von drei Litern pro 100 km unterbietet. Als Gegenpol hat VW den Polo GTI mit 100 PS starkem 1,4-Liter-Benziner im Programm.

ca. 25.000

PLATZ 8 Toyota Yaris

Obwohl er erst 1999 präsentiert wird, etabliert sich der Yaris als meistverkaufter Toyota noch unter den Top-Ten-Kleinwagen des Jahrzehnts. Bei den Motoren setzen die Japaner auf Hightech, dank variabler Ventilsteuerung sind bei den Benzinern bis zu 105 PS aus 1,5 Litern Hubraum drin. 1999 ergänzt eine Minivan-Variante (Yaris Verso) die Baureihe.

ca. 20.000

PLATZ 9 Mazda 121 (DB / JASM / JBSM)

Dank seines rundlichen Design erhält der Mazda 121 der Generation DB (ab 1991) den Spitznamen „Bubble Car". Angeboten wird lediglich ein 1,4-Liter-Benziner in zwei Leistungsstufen (53 oder 72 PS). Beliebt ist eine Karosserievariante mit Rolldach (Canvas). Ab 1996 kooperiert Mazda mit Ford, der 121 wird als Dreitürer (JASM) bzw. Fünftürer (JBSM) ein Ableger des Fiesta.

ca. 10.000

PLATZ 10 Audi A2

Mit dem A2 (ab 1999) geht Audi einen eigenen Edel-Weg. Das Design wird mehrfach ausgezeichnet. Die Karosserie besteht ähnlich wie beim Luxuswagen A8 größtenteils aus Aluminium. Mit dem auch im VW Lupo verwendeten 1,2-Liter-Turbodiesel verbraucht der A2 weniger als drei Liter auf 100 km. Eine Ursache ist auch der Rekord-Cw-Wert von nur 0,25.

Mercedes-Benz S-Klasse (W 140)

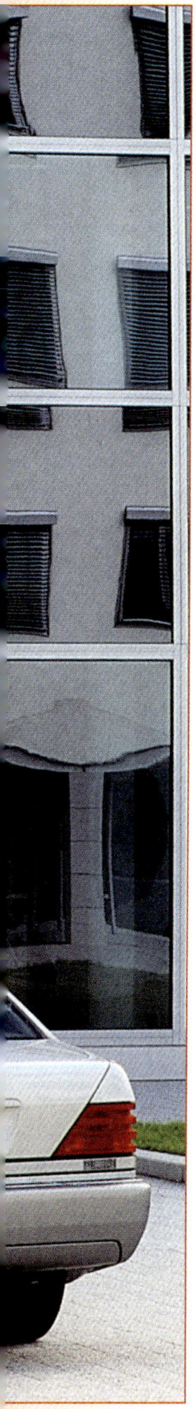

Luxuswagen:
Die üblichen Verdächtigen

PLATZ 1

Mercedes-Benz S-Klasse (W 140 / W 220)

Als Mercedes 1991 den W 140 präsentiert, schwanken die Reaktionen zwischen Staunen und Kopfschütteln. Technisch gesehen zu seiner Zeit das beste Auto der Welt (z. B. adaptive Stoßdämpfer), sprengt der Neue im Wortsinn alle Dimensionen. Selbst das Basismodell 300 SE (197 PS) wiegt knapp zwei Tonnen. Erst beim 600 SE mit Zwölfzylindermotor (408 PS) ist Schluss. Ein Facelift (1993) bringt optische Retuschen und neue Namen (jetzt z. B. S 320). Aber erst die Modellgeneration W 220 (ab 1998) wird deutlich schlanker und leichter.

Wussten Sie schon?

Weil die S-Klasse der Baureihe W 140 so breit ist, müssen sogar Autozüge umgebaut werden.

175.000 200.000 250.000 300.000 **ca. 135.000**

BMW 7er (E38)

PLATZ 2

BMW 7er (E32 / E38)

Indirekt ist der BMW 7er der Generation E32 (ab 1986) ein Grund für die Gigantomanie bei Konkurrent Mercedes – der größte BMW kommt dem größten Mercedes bei den Verkaufszahlen immer näher. Mit dem E38 (ab 1994) legen die Münchener noch einmal nach. Der neue 7er wirkt (z. B. aufgrund der neu entwickelten Integral-Hinterachse) betont sportlich. Zur Wahl stehen zwei Achtzylinder (218 und 286 PS) sowie der Zwölfzylinder (326 PS). Später kommen ein Sechszylinder (193 PS) und Turbodiesel (143 bis 245 PS) hinzu.

ca. 128.000

Audi A8

PLATZ 3

Audi A8 / S8 (D2 / 4D)

Auch Audi wird ein immer stärkerer Spieler in der Luxusliga. Mit dem A8 (ab 1994) setzt die Marke auf technische Besonderheiten wie Aluminiumkarosserie in sogenannter Spaceframe-Bauweise und Allradantrieb. Nur bei den Motoren bleibt Audi – vorerst – bescheidener. Zur Wahl stehen ein Sechszylinder (174 PS) und ein V8 (300 PS). 1996 erstarkt der Sechszylinder dank Fünfventiltechnik auf 193 PS, neu kommen ein weiterer Achtzylinder mit 230 PS und ein Turbodiesel (150 PS) hinzu. Topmodell ist nun der S8 mit auf 340 PS getuntem V8.

ca. 35.000

Mercedes-Benz SL (R 129)

PLATZ 4

Mercedes-Benz SL (R 129)

1989 erfolgt beim Mercedes Roadster der Generationswechsel auf den R 129, der wiederum die Bezeichnung SL erhält. Das Stoffverdeck bleibt, wird aber durch ein serienmäßiges Hardtop sowie einen im Falle eines Überschlags automatisch ausfahrenden Überrollbügel ergänzt. Die Technik stammt weitgehend von der S-Klasse, ab 1992 wird sogar der Zwölfzylinder (394 PS) angeboten. Nach und nach bekommt der SL die moderneren V6- und V8-Motoren (z. B. Dreiventil-Zylinderköpfe) der S-Klasse W 140.

ca. 12.000

Opel Senator B

PLATZ 5

Opel Senator B

Opel verliert in den 1990er Jahren endgültig den Anschluss an die Luxusklasse. Die letzte Baureihe des Senator ist bereits seit 1987 auf dem Markt, kann mit der moderneren Konkurrenz aus Stuttgart, München und Ingolstadt aber nicht mehr mithalten. Neben der zu großen optischen Nähe zum Großserienmodell Omega ist auch die dünne Motorenpalette ein Grund dafür – zur Wahl stehen ausschließlich zwei Sechszylinder (150 oder 204 PS). 1993 wird der Senator B nach sechs Jahren Bauzeit ersatzlos eingestellt.

ca. 10.000

Opel Calibra

Stückzahl 25.000 50.000 75.000  100.000 150.00

Sportwagen:
Rückkehr der Roadster

PLATZ 1

Opel Calibra

Opel knüpft 1990 an den Erfolg des Manta mit einem modernen Nachfolger an. Das extrem windschnittige Coupé erhält den Kunstnamen Calibra und basiert technisch auf dem Vectra. Zunächst werden zwei 2,0-Liter-Benziner (115 PS bzw. 150 PS mit Vierventil-Zylinderkopf) angeboten. 1992 kommt ein 2,0-Liter-Turbo hinzu, der dank 204 PS und Allradantrieb aus dem Calibra einen waschechten Sportwagen macht. Ein V6-Zylinder (170 PS, ab 1993) ist die zivile Version des Rennmotors, mit dem der Calibra in der Deutschen Tourenwagen-Meisterschaft (DTM) startet.

Wussten Sie schon?

Mit einem Cw-Wert von 0,26 stellt der Opel Calibra einen neuen Rekord für Serienfahrzeuge auf.

175.000 200.000 250.000 300.000 **ca. 90.000**

Mercedes-Benz SLK (R 170)

PLATZ 2

Mercedes-Benz SLK (R 170)

1996 stellt Mercedes dem Luxus-Roadster SL einen kleinen Bruder namens SLK zur Seite. Technische Basis bildet die E-Klasse. Neben einem 2,0-Liter-Benziner (136 PS) ist auch ein 2,3-Liter-Vierzylinder (193 PS) mit einer fast vergessenen Methode zur Leistungssteigerung im Angebot – er wird von einem Kompressor aufgeladen. Der SLK hat als einer der Ersten ein voll versenkbares Stahldach, damit ist er uneingeschränkt ganzjahrestauglich. Das Rezept wirkt – der SLK wird Deutschlands meistgekauftes Cabriolet.

Wussten Sie schon?

Der SLK der Baureihe R 170 ist die technische Basis des noch bis 2007 gebauten Chrysler Crossfire.

175.000 200.000 250.000 300.000

ca. 85.000

BMW Z3

PLATZ 3

BMW Z1 / Z3 Roadster / Z3 Coupé

1989 hat BMW mit versenkbaren Türen und teilweise aus Kunststoff gefertigter Karosserie im Z1 überrascht. 1991 wird der nur in limitierter Serie (8000 Stück) gebaute Roadster eingestellt. Erst 1996 kommt mit dem konventionelleren Z3 ein Nachfolger. Nächster Verwandter ist der 3er, von ihm stammen die Motoren vom 1,8-Liter-Vierzylinder (115 PS) bis zum 2,8-Liter-Sechszylinder (192 PS). Ab 1997 wird auch der Sechszylinder des M3 (321 PS) angeboten. Ab 1998 baut BMW mit gleicher Technik auch ein optisch eigenwilliges Coupé.

Wusssten Sie schon?

Die Karosserieform des Z3 Coupé wird im Fachjargon „Shooting Break" genannt.

175.000 | 200.000 | 250.000 | 300.000 | **ca. 65.000**

PLATZ 4

Porsche 911 (964 / 993 / 996)

Der 911er der Generation 964 hat Porsche zurück in die Erfolgsspur gebracht. 1993 kommt die verbesserte Baureihe 993 auf den Markt, die u. a. an der dank Ellipsoidscheinwerfer flacheren Front zu erkennen ist. Der 3,6-Liter-Sechszylinder-Boxermotor leistet in der Basisversion nun 272 PS (ab 1996 dann 285 PS), im Turbo 408 PS. Mit dem 993 endet die Ära der luftgekühlten Motoren, der 996 (ab 1997) setzt auf Wasserkühlung. Zunächst einziges Triebwerk ist der auf 3,4 Liter reduzierte Boxer mit nun 300 PS.

ca. 55.000

PLATZ 5

Mercedes-Benz SL (R 129)

Der 1989 präsentierte SL der Baureihe R 129 wartet mit vielen Hightech-Details auf. So besitzt er einen hinter dem Cockpit verborgenen Überrollbügel, der bei einem Überschlag innerhalb von 0,3 Sekunden ausgefahren wird. Roadster-Fans können sich im Spektrum zwischen 193 und 394 PS bedienen. (Mehr zum Mercedes-Benz SL R 129 auf Seite 164)

ca. 50.000

PLATZ 6

Mazda MX-5 (NA / NB)

Mit dem MX-5 gelingt Mazda 1989 die Wiederbelebung des volkstümlichen Roadsters, er wird das weltweit meistverkaufte Auto seiner Art. Die erste Baureihe (Klappscheinwerfer) wird zunächst mit 115 PS starkem Benziner gebaut (ab 1995 auch mit 90 PS). 1994 kommt ein 1,8-Liter-Vierzylinder mit 131 PS hinzu, der in der zweiten Generation NB (ab 1998, feststehende Scheinwerfer) 140 PS leistet.

ca. 47.000

ca. 45.000

PLATZ 7 Audi TT / TT Roadster (8N)

Ab 1998 baut Audi das Coupé TT, ab 1999 mit gleicher Technik auch den Roadster. Angeboten wird ein 1,8-Liter-Turbobenziner in zwei Leistungsstufen (180 oder 225 PS), die Topversion ausschließlich mit Allradantrieb. Nach einigen Unfällen bessert Audi in Sachen Fahrsicherheit mit serienmäßiger Antischleuder-Elektronik ESP und automatisch ausfahrendem Heckspoiler nach.

ca. 21.000

PLATZ 8 VW Corrado

Ursprünglich als Nachfolger für den Scirocco geplant, wird der teurere und leistungsstärkere Corrado ab 1988 parallel gefertigt. Spitzenmotor ist zunächst ein 1,8-Liter-Vierzylinder mit G-Lader (160 PS), ab 1991 dann ein 2,9-Liter-Sechszylinder mit 190 PS. Damit einher geht ein Facelift (u. a. geänderte Front, breitere vordere Kotflügel). 1995 wird der Corrado eingestellt.

ca. 20.000

PLATZ 9 Porsche Boxster (986)

Um nicht nur vom Erfolg des 911 abhängig zu sein, präsentiert Porsche 1996 als zweites Modell den Boxster. Der ausschließlich mit Stoffverdeck gefertigte Roadster wird von einem 204 PS starken 2,5-Liter-Sechszylinder-Boxer angetrieben, der als Mittelmotor hinter dem Cockpit platziert ist. Trotz leichter Kritik am Design („Spiegelei-Scheinwerfer") verkauft sich der Boxster gut.

ca. 18.000

PLATZ 10 Fiat Barchetta

Mit dem für italienische Roadster traditionellen Namen Barchetta („kleines Boot") präsentiert Fiat 1995 seinen Beitrag zur Cabriolet-Welle. Der nur mit Stoffverdeck gebaute Zweisitzer basiert auf dem Punto. Der über die gesamte Bauzeit (bis 2005) einzig verwendete 1,8-Liter-Vierzylinder leistet 131 PS. Zahlreiche Sondermodelle (z. B. Lido, Riviera) kurbeln den Verkauf immer wieder an.

Suzuki Grand Vitara 1

Stückzahl 25.000 50.000 75.000 100.000 150.00

Geländewagen:
Japaner geben den Ton an

PLATZ 1

Suzuki Vitara / Grand Vitara 1

Zunächst baut Suzuki den Vitara (ab 1988) nur als Zweitürer, wahlweise mit Stahl- oder Stoffdach. 1991 kommt eine viertürige Variante mit verlängertem Radstand hinzu. Ab 1995 gibt es den Viertürer außer mit Vierzylinder-Benziner (97 PS) auch mit einem 2,0-Liter-V6, der 136 PS leistet. Außerdem gibt einen Turbodiesel (ab 1997 mit 87 PS). Der Nachfolger kommt 1998 und heißt als Drei- und Fünftürer Grand Vitara. Ab 1999 wird zusätzlich eine zweitürige Cabriolet-Variante angeboten, die von einem 128 PS starken 2,0-Liter-Vierzylinder angetrieben wird.

Wussten Sie schon?

Der Vitara Long ist 1991 der erste Geländewagen von Suzuki, der fünf Sitzplätze bietet.

175.000 | 200.000 | 250.000 | 300.000 | **ca. 81.000**

Opel Frontera B

Stückzahl 25.000 50.000 75.000 100.000 150.00

PLATZ 2

Opel Frontera A / B

Der Frontera ist ein ab 1991 von Vauxhall in England für Opel in Lizenz gebauter Isuzu Rodeo. Angeboten werden eine fünftürige Variante mit langem Radstand und der kürzere Frontera Sport, den es mit Soft- oder Hardtop gibt. Der Fünftürer wird mit 2,4-Liter-Benziner (125 PS) und 2,3-Liter-Turbodiesel (100 PS) gebaut, der Zweitürer nur mit 115 PS starkem 2,0-Liter-Benziner. 1998 wird die zweite Generation eingeführt, deren Karosserie etwas breiter, aber kürzer ist. Topmotor ist nun ein 3,2 Liter großer V6-Benziner mit 205 PS.

Wussten Sie schon?

Der seit 2005 in China gefertigte Jiangling Landwind ist ein Nachbau des Opel Frontera.

175.000 | 200.000 | 250.000 | 300.000 | **ca. 80.000**

Mitsubishi Pajero

Stückzahl 25.000 50.000 75.000 100.000 150.00

PLATZ 3

Mitsubishi Pajero (V20)

Mit der dritten Modellgeneration (V20) führt Mitsubishi im Pajero den sogenannten Super-Select-Allradantrieb ein. Dieses aufwändige System arbeitet mit einer Viskokupplung als Zentraldifferenzial, das sich sperren lässt. Auch für die Hinterachse wird ein Sperrdifferenzial angeboten. Damit ist der Pajero für schweres Gelände gewappnet. Zunächst werden entweder ein 3,0-Liter-V6-Benziner (150 PS, ab 1996 dann 181 PS) oder ein 2,5-Liter-Turbodiesel (99 PS) verbaut, ab 1994 auch ein 2,8-Liter-Turbodiesel (125 PS) und ein 3,5-Liter-V6 (194 oder 208 PS).

Wussten Sie schon?

Hyundai fertigt den Pajero in Lizenz als Galloper. Das preiswerte Modell verkauft sich auch in Deutschland gut.

175.000 200.000 250.000 300.000 **ca. 70.000**

PLATZ 4

Mercedes-Benz M-Klasse (W 163)

1997 präsentiert Mercedes einen weiteren Geländewagen. Die als sogenanntes Sport Utility Vehicle (SUV) konzipierte M-Klasse zielt anders als das Arbeitstier G-Modell allerdings hauptsächlich auf den Freizeitbereich. Das Fahrzeug wird im US-Bundesstaat Alabama gebaut, passend dazu ist es im Kinohit „Jurassic Park" zum ersten Mal öffentlich zu sehen. Vom Start weg werden zwei Benziner (150 bzw. 218 PS) und ein Turbodiesel (163 PS) angeboten. 1999 kommt das Topmodell ML 430 mit 272 PS starkem V8 hinzu.

ca. 35.000

PLATZ 5

Nissan Terrano I (WD21) / II (R20 / R50)

Der Terrano ist die europäische Version des ursprünglich für Amerika entwickelten Nissan Pathfinder. Ab 1988 wird er in Deutschland ausschließlich mit Allradantrieb verkauft. 1993 präsentiert Nissan den mit komplett neuer Karosserie versehenen Terrano II, die erste Modellgeneration wird aber noch bis 1995 parallel weiter gebaut. Motorseitig stehen ein 2,4-Liter-Benziner (124 PS, später 116 PS) und ein 2,7-Liter-Diesel ohne (101 PS) und mit Turbolader (125 PS) zur Wahl. Außerdem werden zwei verschieden lange Radstände angeboten.

ca. 33.000

PLATZ 6

Nissan Patrol (260 / Y60 / Y61)

Anfang des Jahrzehnts behaupten die zeitweise parallel gebauten Baureihen 260 (aus Spanien) und Y60 (aus Japan) den Patrol in der Spitzengruppe der Zulassungsstatistik. 1997 folgt der Wechsel zum moderner gestylten Y61 (zwei Radstände). Der Motorisierungs-Schwerpunkt liegt auf den Turbodieseln (130 bis 160 PS), als Alternative gibt es einen Benziner mit 158 PS.

ca. 30.000

PLATZ 7 Toyota RAV4 (Serie I)

Mit dem RAV4 springt Toyota 1994 auf den SUV-Zug auf. Er hat als erstes Fahrzeug dieser Klasse keinen bei Geländewagen üblichen Leiterrahmen als tragende Struktur, sondern eine selbsttragende Karosserie wie ein Pkw. Zusätzlich zum Dreitürer gibt es ab 1995 einen Fünftürer mit längerem Radstand. Einziger Motor ist bei beiden Modellen ein 2,0-Liter-Benziner mit 129 PS.

PLATZ 8 Toyota Landcruiser (J7 / J9)

Während die Verkaufszahlen des RAV4 nach oben schnellen, verliert der Landcruiser in Deutschland immer mehr an Bedeutung. 1996 löst die Generation J9 den Vorgänger J7 ab. Sie hat ein neu entwickeltes Fahrwerk mit Einzelradaufhängung vorne und Mehrlenkerhinterachse. Motoren: 3,0-Liter-Turbodiesel (125 PS) und 2,4-Liter-Benziner (178 PS).

PLATZ 9 Land Rover Freelander

Der Freelander kommt erst 1998 auf den Markt, deswegen rangiert er trotz Spitzenverkaufszahlen (zeitweise meistverkauftes SUV in Europa) über das Jahrzehnt gerechnet nur auf Rang neun. Verwendet werden ein 1,8-Liter-Benziner (120 PS) und ein 2,0-Liter-Turbodiesel (98 PS). Gebaut werden eine viertürige Variante und ein Zweitürer mit Softtop.

PLATZ 10 Jeep Grand Cherokee (ZJ / WJ)

Der Grand Cherokee (ZJ ab 1993) ist ein Geländewagen mit amerikanischer Technik (hauptsächlich 4,0-Liter-Sechszylinder mit 188 bis 193 PS oder V8 mit 223 PS), der für Europa allerdings in Österreich gebaut wird. Mit dem Wechsel zur Generation WJ wird der betagte 5,2-Liter-V8 durch einen moderneren Achtzylinder mit 4,7 Litern Hubraum (197 oder 238 PS) abgelöst.

2000-2010

GG BU 985

Platz ist in der kleinsten Nische

Der zur Jahrtausendwende von selbsternannten Propheten befürchtete Weltuntergang hat nicht stattgefunden. Doch am 11. September 2001 verändert ein anderes Ereignis das Leben der inzwischen 6,5 Milliarden Menschen (2006) auf der Erde für immer – nach einem terroristischen Anschlag stürzen in New York die beiden Türme des World Trade Centers ein. Vor diesem Hintergrund geraten Naturkatastrophen wie das Elbhochwasser in Deutschland (2002), der Tsunami im Indischen Ozean (2004), die Zerstörung der amerikanischen Millionenstadt New Orleans durch den Hurrikan „Katrina“ (2005) oder ein Erdbeben auf Haiti (2010) beinahe zur Nebensache. Auch neue unheimliche Krankheiten wie BSE (2001), SARS (ab 2003) oder die Schweinegrippe (2009) wecken den Anschein, als wehre sich die Natur gegen die Unvernunft des Menschen.

Auch die politische Weltlage durchläuft im ersten Jahrzehnt des neuen Jahrtausends eine Berg-und-Talfahrt. Der dritte Golfkrieg (2003) ist noch beinahe eine rein amerikanische Angelegenheit. Im Afghanistan-Konflikt sterben erstmals wieder deutsche Soldaten bei Auslandseinsätzen. Zu den guten Nachrichten zählt, dass mit Barack Obama zum ersten Mal ein Mann mit afro-afrikanischen Wurzeln US-Präsident wird (2008). Und 2005 sind wir alle Papst – der deutsche Kardinal Joseph Ratzinger ist der erste deutsche an der Spitze der katholischen Kirche.

Auch in der Welt des Automobils ist nichts mehr, wie es einmal war. Sportwagenhersteller bauen Geländewagen (Porsche Cayenne, 2002), Volkswagen baut Luxuslimousinen (VW Phaeton, ab 2002), und BMW belebt mit den neuen MINI (ab 2001) einen Mythos wieder. Andere springen auf den Retro-Zug auf, wie VW mit dem New Beetle Cabrio (2003) oder Fiat mit dem 500 (2008). Eine andere Legende wird endgültig eingestellt – im mexikanischen Puebla läuft definitiv der letzte Käfer vom Band (2003).

Ansonsten sind die Hersteller fleißig bemüht, Fahrzeuge für Nischen zu entwickeln, von denen der Kunde bis dahin gar nicht wusste, dass sie existieren. Crossover nennt sich diese Strategie, der Coupé-Cabriolets wie den Peugeot 206 CC (2000), Geländewagen mit eingeschränkter Geländetauglichkeit (so genannte Sports Utility Vehicles, kurz SUV) oder viertürige Sportwagen wie der Porsche Panamera (2009) entspringen. Was nichts daran ändert, dass eine große Wirtschaftskrise (ab 2007) auch Riesen wie General Motors an den Rande des Ruins treibt.

Die Klimaveränderungen führen erst ganz langsam zu einem weltweiten Umdenken im Umgang mit der Umwelt. Plötzlich sind alternative Antriebskonzepte gefragt. Toyota bringt mit dem Prius (außerhalb Japans ab 2000) den ersten Serien-Pkw mit Hybridtechnik auf den Markt. Nach einem Hoch zu Anfang des neuen Jahrtausends ebbt die Diesel-Euphorie dagegen wieder ein wenig ab. Im Kapitel Schadstoffausstoß hat der Selbstzünder nämlich durchaus Nachteile.

Michael Schumacher hängt nach sieben WM-Titeln (neuer Rekord) den Helm an den Nagel, nur um sich beim Comeback mit einem neuen Star aus deutschen Landen konfrontiert zu sehen. Sebastian Vettel wird jüngster Formel-1-Sieger aller Zeiten (Großer Preis von Italien, 2008). Jutta Kleinschmidt gewinnt als erste und bisher einzige Frau die Rallye Dakar (2001). Die Fußballnationalmannschaft kommt dagegen bei der WM im eigenen Land (2006) über das Halbfinale nicht hinaus.

VW Golf VI

Stückzahl 250.000 500.000 750.000 1.000.000 1.500.0

Bestseller:
Same procedure

PLATZ 1

VW Golf (IV / V / VI) / Golf Plus / Bora (IV / V)

Auch im neuen Jahrtausend ist der Golf – nur begrenzt die Stufenheckvariante Bora – der König unter den Bestsellern. Die auslaufende Modellgeneration IV (seit 1997) belebt VW mit Kraftprotzen wie dem R32 (241 PS), dem 1.9 TDI (131) und dem Sondermodell zum 25. Geburtstag des GTI (180 PS). Technisches Highlight der fünften Generation (ab 2003) sind die FSI-Motoren mit Benzin-Direkteinspritzung (bis zu 200 PS) und das Direktschaltgetriebe DSG. Als Minivan unterhalb des Touran fungiert ab 2005 der Golf Plus. 2008 kommt der Golf VI mit optisch eher unscheinbaren Retuschen, aber noch einmal merklich verbessertem technischen Feinschliff.

Wussten Sie schon?

Der VW Golf VI wird 2008 mit dem „Goldenen Lenkrad" in der Kompaktklasse ausgezeichnet.

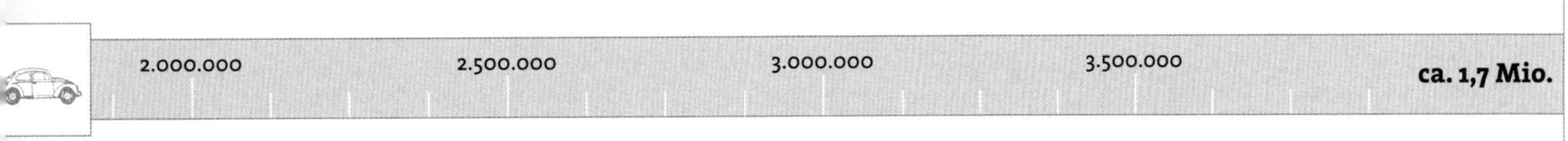

BMW 3er (E90)

PLATZ 2

BMW 3er (E46 / E90)

Als zusätzliche Karosserievarianten der 3er Generation E46 (Limousine ab 1998) präsentiert BMW Anfang des neuen Jahrtausends das Cabriolet, den Compact und den 343 PS starken M3. Ab 2005 erfolgt ebenso schrittweise der Wechsel zur größeren und neu designten Baureihe E90. Limousine und Coupé unterscheiden sich nun deutlicher. Neu sind u. a. der 335i mit Doppel-Turbolader (306 PS) und der 325d mit 197 PS leistendem Turbodiesel. Der M3 (Limousine, Coupé und Cabriolet) hat nun einen V8-Motor mit 420 PS.

Wussten Sie schon?

Schluss mit Stoff – das Cabriolet der Baureihe E90 ist das das erste 3er-Cabrio mit klappbarem Stahlverdeck.

2.000.000 | 2.500.000 | 3.000.000 | 3.500.000 | **ca. 940.000**

WOB BM 306
WOB BM 314

VW Passat (B6)

Stückzahl
250.000
500.000
750.000
1.000.000
1.500.0

PLATZ 3

VW Passat (B5 / B6 / CC)

2000 modernisiert VW den Passat B5 (seit 1996) durch eine sogenannte „Große Produktaufwertung". Kennzeichen sind u. a. andere Lampen sowie neue Motoren, darunter auch ein Achtzylinder (W8 mit 275 PS). Die 2005 eingeführte Baureihe B6 des Passat teilt sich die Technik weitgehend mit dem Golf V, u. a. sind die Motoren nun wieder quer eingebaut. Topmodell ist der R36 mit 300-PS-Benziner, als Kontrast bietet VW den besonders sparsamen BlueMotion mit Turbodiesel (110 PS) an. Ab 2008 gibt es auch eine viertürige Coupé-Variante (Passat CC).

Wussten Sie schon?

Volkswagen verkauft den Passat in leicht geänderter Form in China unter dem Namen Magotan.

2.000.000	2.500.000	3.000.000	3.500.000	ca. 870.000

PLATZ 4

Opel Astra G / H / J

Mit dem Astra H (ab 2004) gelingt es Opel, zuvor mit der Generation G verlorenen Boden wieder gut zu machen. Zunächst beschränkt man sich auf fünftürige Schräghecklimousine, Coupé (GTC) und Kombi (Caravan). 2007 kommt ein Cabriolet mit voll versenkbarem Stahldach (TwinTop) hinzu. Topmodell bleibt der Astra OPC, dessen 2,0-Liter-Turbomotor nun 240 PS leistet. Punkte sammelt Opel auch mit den neu entwickelten Turbodieseln CDTI (bis 150 PS). Ab 2010 wird die nächste Generation (J) verkauft, vorerst ausschließlich als Fünftürer.

ca. 845.000

PLATZ 5

Audi A4 / S4 (B6 / B7 / B8)

Der A4 der Generation B6 (ab 2000) ist optisch und technisch näher am größeren A6 als der Vorgänger. Topmodell ist der S4, dessen Achtzylinder 344 PS leistet. Außerdem gibt es wieder ein Cabriolet. Dieser Trend wird mit der Baureihe B7 (ab 2004, Cabriolet ab 2006) fortgesetzt, die nun auch den sogenannten Single-Frame-Kühlergrill des A6 erhält. Das Leistungsspektrum reicht von 115 Turbodiesel-PS beim 1.9 TDI bis zum 420 PS starken V8-Benziner beim RS4. Komplett neu ist die Baureihe B8 (seit 2007), die sich viele Komponenten mit dem Coupé A5 teilt.

ca. 815.000

PLATZ 6

Mercedes-Benz C-Klasse (W 203 / W 204)

Mit der Baureihe W 203 mausert sich die C-Klasse zum meistgebauten Modell von Mercedes. Die Optik erinnert an die S-Klasse, auch leistungsmäßig geht es in Luxusregionen (bis zu 400 PS im C55 von AMG). Neben Stufenheck-Limousine und Kombi wird nun auch ein Coupé (CL bzw. CLC) angeboten. Aktuell ist die kantig designte Baureihe W 204 (seit 2007) erfolgreich auf dem Markt.

ca. 810.000

ca. 685.000

PLATZ 7 VW Polo IV / V

Der Polo wird immer größer, die vierte Generation (ab 2001) erreicht die Maße eines frühen Golf. Auch die Leistung explodiert – 180 PS aus einem von Turbolader und Kompressor aufgeladenen 1,4-Liter-Motor machen den GTI der Generation V (ab 2009) zum stärksten Polo aller Zeiten. Andererseits ist auch ein Dreizylinder-Turbodiesel im Angebot, der nur 3,8 Liter auf 100 km verbraucht.

ca. 625.000

PLATZ 8 Ford Focus (C170 / C307)

Mit dem Focus knüpft Ford an den Erfolg des Escort an. Die erste Modellgeneration ist 2000 und 2001 das weltweit meistverkaufte Auto. 2004 kommt die Baureihe C307 auf den Markt, von der es auch ein Cabriolet mit Stahldach (ab 2007) sowie einen Minivan (C-Max, ab 2003) gibt. Die Basisversion begnügt sich mit 80 PS, sportliches Topmodell ist der Focus RS mit bis zu 350 PS.

ca. 530.000

PLATZ 9 Mercedes-Benz A-Klasse (W 168 / W 169)

2004 stellt Mercedes eine überarbeitete Version der A-Klasse vor (W 169). Neu sind u. a. eine größere Spurweite und ein Dreitürer, die Variante mit kurzem Radstand entfällt. Neues Topmodell ist der A 200 Turbo mit 193 PS (ab 2005). Ein stufenlos arbeitendes Automatikgetriebe (Autotronic) erhöht den Komfort. 2009 werden die verbrauchsoptimierten BlueEfficiency-Versionen eingeführt.

ca. 465.000

PLATZ 10 Mercedes Benz E-Klasse (W 211 / W 212)

Die E-Klasse der Generation W 211 (2002 bis 2009) ist zu ihrer Zeit das meistverkaufte Modell in der oberen Mittelklasse. Ursache dafür sind u. a. das breite Motorenangebot (136 bis 514 PS) und technische Leckerbissen wie eine Siebengang-Automatik. Der Nachfolger W 212 – wieder als Limousine, Kombi und Cabriolet – fällt durch modischeres Design auf.

Renault Megane

Stückzahl 250.000 500.000 750.000 1.000.000 1.500.0

Importwagen:

Im Osten was Neues

PLATZ 1

Renault Mégane / Mégane Scenic II / III

Die Erfolgsstory des Mégane setzt sich im neuen Jahrtausend ungebremst fort. 2002 präsentiert Renault die zweite Generation. Das Cabriolet (CC) hat nun ein Glasfaltdach, von der Minivan-Variante Scenic (ab 2003) gibt es eine zusätzliche Version mit verlängertem Radstand. Als eines der ersten Fahrzeuge kriegt der Mégane serienmäßig einen Rußpartikelfilter. Sportlichstes Modell ist der Mégane RS. Sein 2,0-Liter-Turbomotor leistet bis zu 230 PS, in der dritten Baureihe (ab 2008, Scenic ab 2009) dann in einer Coupé-Karosserie sogar 250 PS.

Wussten Sie schon?

Seit 2010 ist der 250 PS starke Renault Mégane RS das Topmodell der Baureihe.

2.000.000 | 2.500.000 | 3.000.000 | 3.500.000 | **ca. 430.000**

Skoda Octavia II

PLATZ 2

Skoda Octavia I / II

Der Octavia (ab 1996) ist das erste Modell, das nach der Übernahme durch Volkswagen entwickelt wird. Er basiert technisch auf dem Golf IV (Motoren bis 180 PS), bietet aber ein besseres Preis/Leistungs-Verhältnis, vor allem als Kombi. 2004 kommt zwar die modernisierte Nachfolgegeneration (Basis Golf V) auf den Markt (u. a. Direktschaltgetriebe, Common-Rail-Turbodiesel mit bis zu 170 PS), Skoda bietet den Octavia I aber weiterhin als preisgünstiges Einsteigermodell an. Diese Strategie macht die tschechische Limousine zum Bestseller.

Wussten Sie schon?

Die Modellvariante Scout bietet durch Allradantrieb und erhöhte Bodenfreiheit leichte Offroad-Fähigkeiten.

2.000.000 2.500.000 3.000.000 3.500.000 **ca. 350.000**

Skoda Fabia I

PLATZ 3

Skoda Fabia I / II

Mit dem Fabia geht Skoda einen ähnlichen Weg wie mit dem Octavia, Basis ist hier der VW Polo. Die erste Baureihe (ab 1999) wird mit drei Karosserien (Schrägheck, Stufenheck, Kombi, alle mit vier bzw. fünf Türen) mit Motoren zwischen 50 und 130 PS (Fabia RS mit Turbodiesel) gebaut. Bei der zweiten Generation (ab 2007) entfällt die Stufenheck-Variante. Der Fabia RS hat nun einen 180 PS starken 1,4-Liter-Turbobenziner. Für den zeitweisen Status als Deutschlands meistverkauftes Importauto sorgen allerdings die sparsamen Turbodiesel (75 bis 105 PS).

Wusstеn Sie schon?

Der Fabia ist das erste Importauto, das mehr als 100.000 mal in einem Jahr verkauft wird (2009).

2.000.000 2.500.000 3.000.000 3.500.000 **ca. 345.000**

PLATZ 4

Peugeot 206 / 206+

Der 206, der 1998 den 205 ablöst, kann an den Erfolg des Vorgängers anknüpfen. Er ist eine Zeit lang das meistverkaufte Auto in Europa, in Deutschland von 2001 bis 2004 das Importfahrzeug Nr. 1. Die Motorenpalette reicht von 60 PS bis 177 PS bei den Benzinern, von 68 bis 109 PS bei den Dieseln. Neben Limousine und Kombi gibt es ein Cabriolet (206 CC), das als erstes Fahrzeug in dieser Klasse ein Stahlklappverdeck hat. 2009 stellt Peugeot den Nachfolger 207 vor. Parallel dazu wird eine optisch überarbeitete Basisversion als 206+ weiter produziert.

ca. 245.000

PLATZ 5

Toyota Corolla (E11 / E12)

Im Vergleich zum Vorgänger ist der Corolla E12 (ab 2002) eine weitgehende Neuentwicklung. Das Design entspricht stärker europäischem Geschmack, die Sicherheitsausstattung (z. B. ab 2004 Anti-Schleuderprogramm ESP und acht Airbags serienmäßig) ist vorbildlich. Auch einige Motoren sind neu (z. B. 2,0-Liter-Turbodiesel mit 110 PS und 1,8-Liter-Kompressor-Triebwerk des Corolla TS mit 224 PS). Außerdem gibt es neben Limousine und Kombi nun auch eine Minivan-Variante (Corolla Verso). 2007 wird der Corolla in Deutschland durch den Auris abgelöst.

ca. 225.000

PLATZ 6

Renault Clio II (Typ B) / III (Typ R)

Highlights der zweiten Clio-Generation (seit 1998) sind zwei Sportmodelle. Während das eine (179 PS) „nur" einen besonders potenten 2,0-Liter-Motor bekommt, unterscheidet sich der Clio V6 (224 PS) durch Mittelmotor und Heckantrieb auch konstruktiv stark. 2005 kommt der Nachfolger (Typ R), Renault bietet den Typ B als Clio Campus in einer Basisversion aber weiterhin an.

ca. 215.000

ca. 196.000

PLATZ 7 Toyota Yaris I / II

Vom Yaris bietet Toyota auch eine zweite Variante mit erhöhter Karosserie und dadurch einem größeren Platzangebot im Innenraum an. Der Yaris Verso (gebaut nur in der ersten Serie von 1999 bis 2005) wird mit zwei Benzinern (86 bzw. 105 PS) und einem Turbodiesel (75 PS) angeboten. (Mehr zum Toyota Yaris auf Seite 207)

ca. 190.000

PLATZ 8 Fiat Punto / Grande Punto / Evo

Eine ähnliche Strategie wendet Fiat mit dem Punto an. 2005 wird der komplett neu entwickelte Grande Punto präsentiert, der Punto Typ 188 aber noch zwei Jahre weiter gebaut. 2009 kommt der wiederum neue Punto Evo, der Verkauf des Grande Punto geht aber parallel weiter. Technisch geht Fiat beim Punto Evo in die Vollen, u. a. mit Multiair-Motoren (elektrohydraulische Ventilsteuerung).

ca. 175.000

PLATZ 9 Peugeot 307

2001 löst der Peugeot 307 den 306 ab, wird selbst dann durch den 308 ersetzt (2008). Zu haben sind die Karosserievarianten Schrägheck (drei oder fünf Türen), Kombi (bis zu sieben Sitze) und Cabriolet (vier Sitze, elektrohydraulisch versenkbares Stahldach). Bei den Dieselmotoren (bis 136 PS) setzt Peugeot frühzeitig (ab 2004) auf Rußpartikelfilter.

ca. 155.000

PLATZ 10 Renault Twingo I / II

Abgesehen von einem Facelift (2003) zögert Renault lange, die erste Clio-Baureihe (seit 1993) zu modernisieren. Die Verteidigung des Titel „Meistverkauftes Importauto der 90er Jahre" wird dadurch weit verfehlt. Erst 2007 kommt die zweite Modellgeneration, die optisch und technisch näher an den Clio heranrückt, was u. a. durch das Topmodell RS mit 133 PS deutlich wird.

Smart ForFour (links) und Smart ForTwo

Stückzahl	25.000	50.000	75.000	100.000	150.000

Kleinwagen:
Raum ist in der kleinsten Hütte

PLATZ 1

MCC Smart ForTwo (MC01 / 451) / ForFour

Es hat eine Weile gedauert, bis der zweisitzige Smart (seit 1998) akzeptiert wurde. Inzwischen verkauft er sich richtig gut. Dazu beigetragen hat auch die ab 2000 erhältliche Cabrio-Variante. 2007 kommt die zweite Generation (451) auf den Markt. Aufgrund geänderter Sicherheitsbestimmungen (z. B. Fußgängerschutz) ist sie fast 20 Zentimeter länger, die Motoren verbrauchen weniger. 2004 wird die viersitzige Version ForFour präsentiert, die sich die Technik mit dem Mitsubishi Colt teilt. Den als Topmotor angebotenen Benziner tunt Brabus auf 177 PS.

Wussten Sie schon?

Auf 2000 Exemplare ist der Crossblade limitiert, ein Schönwetter-Smart ohne Türen und Dach.

200.000 250.000 300.000 350.000 **ca. 310.000**

Toyota Yaris II

Stückzahl	25.000	50.000	75.000	100.000	150.000

PLATZ 2

Toyota Yaris I / II

Mit seiner zuverlässigen Technik erobert der Yaris große Marktanteile. Das Leistungsspektrum reicht von 68 bis 106 PS, Haustuner TTE bietet außerdem einen Kompressormotor mit 140 PS an. Die zweite Generation (ab 2006) ist nicht mehr ganz so klein, dafür besser ausgestattet, sicherer (sieben Airbags, Fünf-Sterne-Note im Crashtest) und stärker motorisiert (bis zu 133 PS im Yaris TS). Neues Basistriebwerk ist ein 1,0-Liter-Dreizylinder mit 70 PS. Aufgrund des besseren Platzangebots wird die Minivan-Variante Verso nicht mehr benötigt und eingestellt.

Wussten Sie schon?

Der Name Yaris stammt von einer deutschen Agentur, in Japan wird das Modell als „Vitz" verkauft.

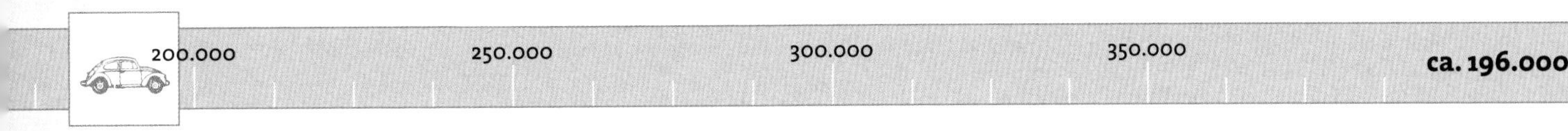

Mini Cooper S

Stückzahl 25.000 50.000 75.000 100.000 150.00

PLATZ 3

Mini I / II

2001 belebt BMW mit MINI eine der traditionsreichsten Automobilmarken neu. Das geschickt beworbene Remake mit moderner Technik wird aus dem Stand zum Kultmobil. Star ist der MINI Cooper S mit 170 PS, mit Tuning (John Cooper Works) sogar 210 PS. Ab 2004 gibt es auch ein Cabriolet. Zwei Jahre später kommt die zweite Generation, die größer ist und von weitgehend neu entwickelten Motoren angetrieben wird (z. B. Cooper S mit Turbolader statt Kompressor, 175 PS). Als weitere Modelle kommen ein Kombi (Clubman, 2007) und ein SUV (Countryman, 2010) hinzu.

Wussten Sie schon?

Der Mini Clubman wird 2008 mit dem renommierten Designpreis „Red Dot Award" ausgezeichnet.

200.000 250.000 300.000 350.000 **ca. 195.000**

PLATZ 4

VW Lupo

Noch Anfang des neuen Jahrtausends verkauft sich der Lupo – bzw. sein Seat-Schwestermodell Arosa – sehr gut, doch schon bald ändert sich das Bild. Eine Ursache ist die hauseigene Konkurrenz durch den Fox (siehe Platz 8). Auch neue Motoren (z. B. 1,4-Liter-Benziner mit Direkteinspritzung FSI und 105 PS) ändern daran wenig. Ab Anfang 2005 fährt VW die Produktion zurück, baut zum Jahresende nur noch den GTI (seit 2000 mit 125 PS) und die Turbodiesel-Version 3L TDI, die sich durch einen Normverbrauch von 2,99 Liter/100 km auszeichnet.

ca. 120.000

PLATZ 5

Ford Ka I (Typ RBT) / II (Typ RU8)

Ford möbelt den seit 1998 gebauten Ka immer wieder technisch auf (z. B. Duratec-Motoren ab 2002, ABS serienmäßig ab 2005). Für frischen Wind sorgt auch die zweisitzige Cabriolet-Variante Streetka (2003 bis 2005). Gemeinsam mit Fiat – wo aus dieser Kooperation der 500 entsteht – entwickelt Ford die neue Modellgeneration (Typ RU8), die ab 2009 verkauft wird. Die Karosserie weist das von Ford über alle Baureihen praktizierte kantige Kinetic-Design auf. Bei den Motoren besteht nur Wahl zwischen einem Benziner (69 PS) und einem Turbodiesel (75 PS).

ca. 115.000

PLATZ 6

Opel Meriva A / B

Der Minivan Meriva (erste Generation ab 2003) entsteht auf Basis des Corsa C. Der Fünftürer wird zunächst ausschließlich mit besonders sparsamen Turbodieseln (75 und 101 PS) und Benzinern (87 bis 125 PS) angeboten. 2006 kommt eine OPC-Version mit 180 PS hinzu. Beim Nachfolger (seit 2010) sind die hinteren Türen hinten angeschlagen (Portaltüren).

ca. 110.000

ca. 105.000

PLATZ 7 Renault Twingo I / II

Das Design der 2007 vorgestellten zweiten Baureihe unterscheidet sich stark vom Ur-Twingo. Statt liebenswertes „Kindchen-Schema" wird nun die Verwandtschaft zu den anderen Renault-Modellen in den Vordergrund gerückt. Auch die Technik stammt nun weitgehend vom größeren Bruder Clio. (Mehr zum Renault Twingo auf Seite 201)

ca. 100.000

PLATZ 8 VW Fox

Der Fox (seit 2005) ist momentan das kleinste Modell von VW. Der in Südamerika gebaute und vor allem für Schwellenländer entwickelte Dreitürer baut auf preiswerte, aber einfache Technik (z. B. in anderen VW-Modellen längst abgelöste Motoren) und Ausstattung. In Deutschland werden ein Turbodiesel (70 PS) und zwei Benziner (55 und 75 PS) angeboten.

ca. 82.000

PLATZ 9 Audi A2

Der in den 1990er Jahren (siehe Seite 159) revolutionäre A2 wird bis 2005 unverändert gebaut. Seine fortschrittliche Technik (z. B. Aluminium-Karosserie) sorgt auch im 21. Jahrhundert regelmäßig für Spitzenbewertungen in Zuverlässigkeits- und Pannenstatistiken. Zuletzt werden vor allem Sondermodelle (z. B. colour.storm) verkauft.

ca. 80.000

PLATZ 10 Opel Agila A / B

Der Agila ist als sogenannter Microvan kleiner als der Meriva (siehe oben). Der zusammen mit Suzuki entwickelte Fünftürer wird in der ersten Generation (ab 2000) mit Motoren zwischen 58 und 70 PS angeboten. Der Nachfolger (ab 2008) ist deutlich größer (20 cm länger). Zur Wahl stehen zwei Benziner (65 und 86 PS) und ein Turbodiesel (75 PS).

Mercedes-Benz S-Klasse (W 221)

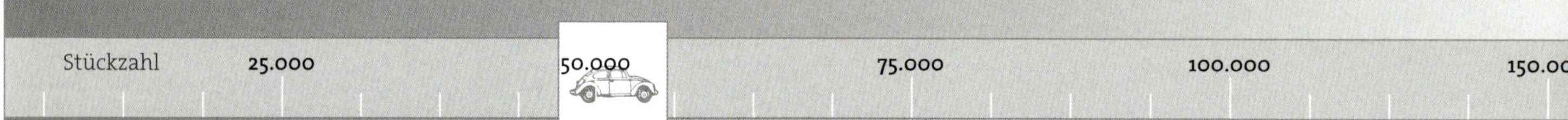

Luxuswagen:
Das Imperium schlägt zurück

PLATZ 1

Mercedes-Benz S-Klasse (W 220 / W 221)

2002 überarbeitet Mercedes die Baureihe W 220 (seit 1998) gründlich (z. B. geänderte Front mit Klarglasscheinwerfern, neue Motoren, einige Modelle mit Allradantrieb). Dennoch muss sich die S-Klasse 2004 erstmals dem BMW 7er geschlagen geben. 2005 stellt Mercedes mit dem Nachfolger W 221, von dem es auch die Coupé-Variante CL gibt, das alte Kräfteverhältnis wieder her. Das etwas gewachsene Modell bietet High-tech satt (z. B. Infrarot-Nachsichtgerät, Abstandsradar, Seitenwind-Assistent, Hybrid-Antriebe) und bis zu 612 PS im S 65 AMG.

Wussten Sie schon?

Die S-Klasse erhält im November 2005 das „Goldene Lenkrad" in der Oberklasse.

200.000 | 250.000 | 300.000 | 350.000 | **ca. 55.000**

BMW 7er (E65)

PLATZ 2

BMW 7er (E38 / E65 / F01)

Was mit dem E38 (seit 1994) nie gelang, schafft BMW mit dem Nachfolger E65. Trotz seines umstrittenen Designs ist er kurzfristig meistverkauftes Luxusfahrzeug in Deutschland. 2008 wird die komplett neu entwickelte Generation F01 präsentiert. Zum Einsatz kommen durchweg Turbomotoren mit bis zu 544 PS. Auch das BMW-Flaggschiff unterstützt den Fahrer u. a. mit Kameras ringsum, Head-Up-Display (Anzeigen werden auf die Windschutzscheibe projiziert) und Nachtsichtassistent. Ab 2009 ist eine Hybridversion mit unterstützendem Elektromotor erhältlich.

ca. 51.000

Audi A8 (D4 / 4H)

PLATZ 3

Audi A8 / S8 (D3/4E / D4/4H)

Im Gegensatz zur Konkurrenz setzt Audi bei seinem Topmodell A8 (ab 2002 die zweite Generation) weitgehend auf Allradantrieb. Nur das jeweils kleinste Triebwerk ist auch mit Frontantrieb kombinierbar. Stärkster Motor ist mit 450 PS ein 6,0-Liter-W12, den es nur mit verlängerter Karosserie gibt. Ab 2006 wird die Tuningvariante S8 mit ebenfalls 450 PS leistendem V10-Zylinder angeboten. Seit 2010 ist die dritte Generation (D4/4H) auf dem Markt, die u. a. mit Internet-Zugang, Achtgang-Automatik, LED-Hauptscheinwerfern und Fernlichtassistent ausgestattet werden kann.

ca. 43.000

Mercedes-Benz CLS (C 219)

PLATZ 4

Mercedes-Benz CLS (C 219)

2004 verblüfft Mercedes mit einem viertürigen Coupé. Das ungewöhnliche Karosseriekonzept kommt gut an, bis zum Produktionsende der ersten Generation (2010) werden rund 170.000 Stück gebaut. Der CLS basiert technisch auf der E-Klasse, orientiert sich motoren- und ausstattungsseitig aber eher an der S-Klasse. Einsteigerversion sind der CLS 320 CDI (Diesel) mit 224 PS und der CLS 350 (Benziner) mit 272 PS (ab 2008 CLS 280 mit 231 PS). Von Tuner AMG gibt es einen 6,2-Liter-V8 mit 514 PS. 2008 erfolgte eine Modellpflege, erkennbar u. a. an den LED-Hauptscheinwerfern.

ca. 20.000

VW Phaeton

PLATZ 5

VW Phaeton

Seit 2002 mischt auch Volkswagen in der Oberklasse mit. Der Phaeton wird in Handarbeit in der „Gläsernen Manufaktur" in Dresden gebaut. Angeboten wird die von der deutschen Kundschaft nur zögerlich angenommene Luxuslimousine anfangs auch mit Frontantrieb und Handschaltgetriebe, später ausschließlich mit Allradantrieb und Automatik. Technische Highlights sind ein V10-Turbodiesel mit 313 PS (2007 eingestellt) und ein W12-Benziner mit 420 PS (450 PS ab 2005). 2010 wird der Phaeton gründlich überarbeitet (u. a. geänderte Front, neue Heckleuchten mit LED-Technik).

ca. 17.000

Audi TT (8J)

Sportwagen:
Alte Bekannte

PLATZ 1

Audi TT (8N / 8J)

Ab 2003 sind der Audi TT und sein Cabrioletpendant TT Roadster (siehe Seite 249) auch mit dem 3,2-Liter-Sechszylinder (250 PS) aus dem Golf R32 erhältlich. Mit dem Wechsel zur zweiten Generation (ab 2006) kommen neben einem Turbodiesel auch 2,0-Liter-Turbobenziner mit Direkteinspritzung (272 PS) und ein 340 PS starker Fünfzylinder-Benziner hinzu, der am Zusatz RS zu erkennen ist. Außerdem bietet Audi nun ein adaptives Fahrwerk und das kupplungslose Direktschaltgetriebe (DSG) an. Im Frühjahr 2010 erfolgt ein Facelift (u. a. geänderte Front).

Wusstes Sie schon?

Beim Magnetic-Ride-Sportfahrwerk wird die Wirkung der Stoßdämpfer mittels magnetischem Öl verstellt.

200.000 250.000 300.000 350.000 **ca. 65.000**

Porsche 911 (997)

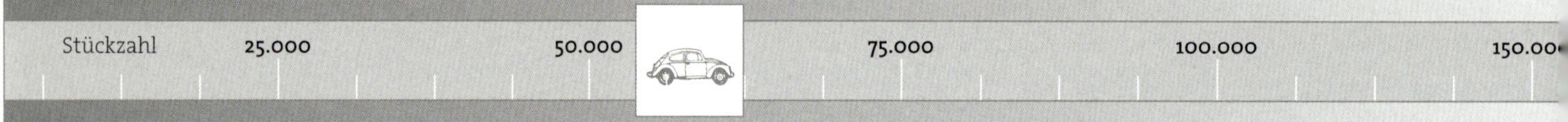

PLATZ 2

Porsche 911 (996 / 997)

Drei Jahre nach Einführung der Generation 996 (ab 1997) gibt es wieder einen 911 Turbo, jetzt mit bis zu 450 PS und Allradantrieb. Außerdem baut Porsche für Rennsportfans die abgespeckten Versionen GT2 mit 462 PS starkem Turbomotor (483 PS ab 2003) und GT3 mit Saugmotor und 381 PS. 2004 kommt der Nachfolger 997, dessen Design wieder mehr an den klassischen 911 erinnert. Basisvariante ist der Carrera mit 325 PS. Der Turbo leistet nun 480 PS, der GT2 sogar noch einmal 50 PS mehr. Außerdem gibt es wieder einen Targa (ab 2006) mit zurückschiebbarem, gläsernen Dach.

Wussten Sie schon?

Seit dem Modelljahr 2009 verfügen die Motoren von Carrera und Carrera S über Benzin-Direkteinspritzung.

200.000 250.000 300.000 350.000 **ca. 60.000**

BMW Z4 Coupé

PLATZ 3

BMW Z3 Roadster und Coupé / Z4 Roadster und Coupé (E85 / E89)

2003 ersetzt BMW den Z3 Roadster durch den Nachfolger Z4 (E85), beim Coupé erfolgt der Generationswechsel erst 2006. Der Neue ist deutlich größer und komfortabler, bei den Motoren ändert sich erst bei einem Facelift 2006 Einiges (z. B. Sechszylinder-Benziner mit 343 PS im Z4 M). 2008 kommt ein komplett überarbeiteter, wiederum deutlich größerer Nachfolger (E89), der wie die Konkurrenz auch ein Klappdach aus Stahl hat (davor Stoffverdeck) und damit Roadster und Coupé in einem Modell vereint. Neues Topmodell ist der Z4 GT3 mit Achtzylindermotor (480 PS).

Wussten Sie schon?

Mit der Baureihe E89 wird die Fertigung von Spartanburg/USA nach Regensburg verlegt.

200.000 | 250.000 | 300.000 | 350.000 | **ca. 55.000**

PLATZ 4

Porsche Boxster (986 / 987) und Cayman

Das bei der ersten Generation kritisierte Scheinwerfer-Design („Spiegeleier") weicht beim Nachfolger (987, ab 2004) einer konventionelleren Form. Zur Wahl stehen Boxster mit 240 PS (245 PS ab 2006) und Boxster S mit 280 PS (295 PS ab 2006), beide mit Stoffverdeck. Ab 2005 baut Porsche zusätzlich die technisch nahezu identische Coupé-Variante Cayman S (295 PS), ein Jahr später auch den Cayman (245 PS). Mit einem Facelift bekommen beide Varianten neue Motoren mit 2,9 Liter Hubraum und 265 PS bzw. 3,4-Liter-Sechszylinder mit 320 PS beim Cayman S.

ca. 30.000

PLATZ 5

BMW 6er (E63 / E64)

Seit 2003 hat BMW wieder einen 6er im Angebot, der als Coupé (E63) und Cabriolet (E64, ab 2004) gebaut wird und die sportlichen Gene des Urmodells besitzt (eingestellt 1989, siehe Seite 123). Das Design ist genauso umstritten wie bei den anderen BMW-Modellen in dieser Zeit. Die technische Basis und auch die Motoren stammen vom 5er BMW. Die Leistungspalette beginnt bei 258 PS und reicht bis zum M6 mit 507 PS starkem 5,0-Liter-V10. Außerdem wird mit einem Facelift (2007, u. a. überarbeitetes Design) auch ein Biturbo-Diesel (286 PS) angeboten.

ca. 13.000

PLATZ 6

Mazda RX-8

Beim RX-7-Nachfolger RX-8 bleibt Mazda dem Wankelmotor treu. Neben dem bei Serien-Pkw einzigartigen Kreiskolbenmotor mit nur 1,3 Litern Hubraum (192 oder 231 PS) sind die gegenläufig öffnenden Türen eine Besonderheit des Japaners. Außerdem entwickelt Mazda die Version RX-8 Hydrogen, die wahlweise mit Benzin oder Wasserstoff fährt.

ca. 9.000

ca. 4.400

PLATZ 7 Alfa Romeo GTV/ Brera

Seit 1994 baut Alfa Romeo ein Coupé (GTV) und ein Cabriolet (Spider) mit identischer Technik (u. a. Frontantrieb). 2005 wird der GTV durch den Brera ersetzt, der Spider wird als Neukonstruktion weiterhin gebaut. Der auch in Allradversionen angebotene Brera wird von Turbodieseln (170 bis 210 PS) oder Benzinern zwischen 185 und 260 PS angetrieben.

ca. 4.300

PLATZ 8 Jaguar XK8 / XKR

Die XK-Serie (X100 ab 1996) wird als Coupé und Cabriolet gebaut. Der Motor ist ein V8, der beim XK8 zunächst 284 PS (298 PS ab 2002) und beim XKR dank Kompressor anfangs 363 PS (395 PSA ab 2002) leistet. Seit 2006 wird die Generation X150 wiederum als Coupé und Cabriolet gebaut. Der XK8 hat nun 385 PS, der XKR sogar 510 PS.

ca. 2.000

PLATZ 9 Audi R8

Im Herbst 2006 wird Audis Beitrag zum Thema Supersportwagen vorgestellt. Der als Coupé und Roadster (ab 2009) gebaute R8 hat eine Karosserie aus Aluminium, Allradantrieb und wird mit Motoren zwischen 420 PS (4,2-Liter-Achtzylinder) und 560 PS (5,2-Liter-Zehnzylinder) gebaut. Als erstes Serienfahrzeug verfügt er über LED-Hauptscheinwerfer (seit 2008).

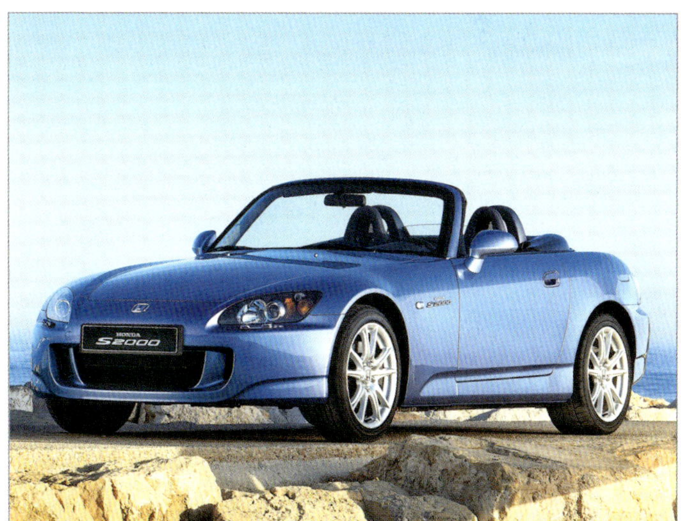

ca. 1.600

PLATZ 10 Honda S2000

Mit dem S2000 greift Honda das Konzept des heckgetriebenen Sportwagens wieder auf, wie es der japanische Hersteller mit dem S 600 und S 800 in den sechziger Jahre bereits schon einmal verwirklicht hatte. Der knapp 1300 kg schwere Roadster mit Heckantrieb und Frontmittelmotor wird bis Produktionsende im Jahre 2009 ausschließlich mit einem extrem drehfreudigen 240 PS starken Vierzylindertriebwerk angeboten.

Mercedes-Benz M-Klasse

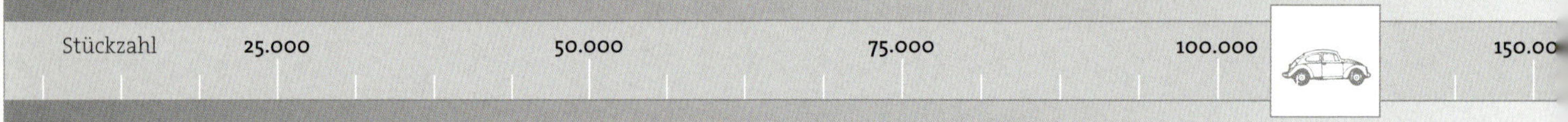

Geländewagen:
Big is beautiful

PLATZ 1

Mercedes-Benz M-Klasse (W 163 / W 164)

Im 21. Jahrhundert werden Geländewagen immer beliebter, besonders die nur bedingt offroadtauglichen sogenannten Sports Utility Vehicle (SUV). Neue Nummer eins ist die M-Klasse von Mercedes. 2001 wird die erste Generation (W 163) gründlich renoviert (u. a. Klarglas-Scheinwerfer, neues Topmodell ML 500 mit 292 PS). Neu konstruiert ist der Nachfolger W 164 (ab 2005), der statt auf einem bei Geländewagen bis dahin üblichen Leiterrahmen auf einer selbstragenden Karosserie aufbaut. Zur Wahl stehen Motoren zwischen 190 und 388 PS (ML 500 ab 2007).

Wussten Sie schon?

Die M-Klasse wird in einem eigens dafür gebauten Werk in Tuscaloosa (US-Bundestaat Alabama) gefertigt.

200.000 250.000 300.000 350.000 **ca. 120.000**

Toyota RAV4 III

Stückzahl 25.000 50.000 75.000 100.000 150.00

PLATZ 2

Toyota RAV4 II / III

In der Phalanx der Riesen-Allradler behauptet sich mit dem RAV4 auch ein relativ kleiner SUV. Kunden haben mit der zweiten Generation (ab 2000) die Wahl zwischen Frontantrieb und Allrad. Gebaut werden weiterhin zwei Varianten (Dreitürer und Fünftürer mit langem Radstand), neu ist ein Turbodiesel mit 125 PS. Seit 2006 ist der Nachfolger (136 bis 177 PS) auf dem Markt, der nun fast die Dimensionen der Konkurrenz erreicht und nur noch als Fünftürer mit Allrad angeboten wird. Erst ab 2009 gibt es eine Diesel-Variante (150 PS) auch mit Frontantrieb.

Wusssten Sie schon?

Seit 2009 gibt es den Toyota RAV4 auch in einer Modellversion ausschließlich mit Frontantrieb.

200.000 250.000 300.000 350.000 **ca. 105.000**

BMW X3 (E83)

PLATZ 3

BMW X3 (E83)

Angespornt durch den Erfolg mit dem größeren X5 (siehe Platz 4) bringt BMW 2004 den nur geringfügig kleineren X3, der auf dem 3er basiert. Alle Modelle verfügen über variablen Allradantrieb (xDrive), die Motorenpalette reicht vom 2,0-Liter-Turbodiesel (150 PS) bis zum 3,0-Liter-Sechszylinder-Benziner mit 231 PS. Im Herbst 2006 erfolgt ein Facelift (u. a. geänderte Scheinwerfer, verbesserter Innenraum), bei dem auch neue Motoren eingeführt werden. Neues Topmodell ist der X3 xDrive35d mit 286 PS starkem Diesel mit Biturbo-Aufladung.

Wussten Sie schon?

Der X3 hat als erster BMW eine elektronische Kraftverteilung zwischen Vorder- und Hinterachse (xDrive).

200.000 250.000 300.000 350.000 **ca. 100.000**

PLATZ 4

BMW X5 (E53 / E70)

Seit 2000 ist auch BMW mit einem großen SUV am Start. Der in den USA gebaute Allradler basiert auf einer selbsttragenden Karosserie. Dadurch ist er für den Geländeeinsatz nur bedingt tauglich, überzeugt auf der Straße aber durch sportliches Fahrverhalten. Dazu passen auch die Motoren, die bis zu 360 PS (V8-Benziner) leisten. 2007 erfolgt der Modellwechsel zum E70 (u. a. dritte Sitzreihe, elektronisches Fahrwerk), von dem auch eine M-Variante mit 555 PS (V8-Biturbo) gebaut wird. Ab 2010 gibt es neue Turbodiesel-Motoren (bis 306 PS) und eine Achtgang-Automatik.

ca. 90.000

PLATZ 5

VW Touareg (7L / C2)

Der VW Touareg (erste Generation ab 2002) teilt sich viele Technikkomponenten mit dem Porsche Cayenne und dem Audi Q7. Anfangs werden nur zwei Turbodiesel angeboten, darunter ein V10 mit 313 PS. Im Laufe der Jahre wurde die Palette zunächst beträchtlich erweitert (u. a. Fünfzylinder-Turbodiesel mit 175 PS, W12-Benziner mit 450 PS), bis 2009 aber wieder auf lediglich je einen V6-Turbodiesel (225 PS) und V6-Benziner (241 PS) reduziert. Seit 2010 ist die zweite Generation (C2) auf dem Markt, von der es auch eine Hybridversion gibt.

ca. 80.000

PLATZ 6

Nissan X-Trail (T30 / T31)

Nissan bietet den 2001 neuen X-Trail wahlweise mit Frontantrieb oder zuschaltbarem Allrad an. Zur Wahl stehen zwei Benziner (140 oder 165 PS) und ein Turbodiesel (136 PS). Die zweite Generation (T31, ab 2007) unterscheidet sich optisch nur wenig vom Vorgänger. Die Motoren (141 bis 173 PS) sind allerdings zum Teil Neukonstruktionen.

ca. 50.000

ca. 35.000

PLATZ 7 VW Tiguan

Der Tiguan landet in dieser auf Verkaufszahlen basierenden Statistik nur deshalb auf einem hinteren Rang, weil er erst seit Herbst 2007 auf dem Markt ist. Seitdem ist der Fünftürer (wahlweise Front- oder Allradantrieb) in diesem Segment klar die Nummer eins. Zur Wahl stehen vier Benziner (122 bis 200 PS) und drei Turbodiesel (110 bis 170 PS).

ca. 33.000

PLATZ 8 Honda CR-V I / II / III

Die Verkäufe des CR-V (erste Generation ab 1996) kommen erst dann in Schwung, als Honda für die zweite Generation (ab 2001) auch einen Dieselmotor (ab 2005) anbietet. 2006 wird die dritte Baureihe vorgestellt, für die ein Benziner (150 PS) und ein Turbodiesel (140 PS) zur Wahl stehen. Der Allradantrieb schaltet sich bei Bedarf automatisch zu.

ca. 30.000

PLATZ 9 Audi Q7

Basierend auf dem Touareg (siehe Platz 5) entwickelt Audi einen eigenen SUV, der sogar größer ausfällt als das VW-Pendant (u. a. dritte Sitzreihe). Der Q7 (seit 2005) ist auch stärker motorisiert (u. a. V12-Turbodiesel mit 500 PS). 2010 kommen neue Triebwerke hinzu, darunter ein 3,0-Liter-V6-Benziner mit Kompressor-Aufladung (333 PS).

ca. 25.000

PLATZ 10 Kia Sorento I / II

Der Sorento (ab 2002) ist ein Geländewagen klassischer Bauart (Leiterrahmen), der entsprechend belastbar ist (u. a. Allradantrieb mit Geländereduktion, Anhängelast 3,5 Tonnen). Seit Frühjahr 2010 ist die modernisierte und neu designte zweite Generation auf dem Markt. Neu sind auch die Motoren: Benziner mit 174 PS, Turbodiesel mit 197 PS.

Notizen aus der Automobilwelt

Während einige Hersteller (z. B. Rover, Daewoo) von der Bildfläche verschwinden, werden legendäre Marken zu neuem Leben erweckt. BMW kauft bereits 1994 die englische Legende Mini und beginnt mit der Entwicklung eines modernen Nachfolgers. Unbeeindruckt von der wirtschaftlichen Pleite mit der Muttermarke Rover gibt BMW schon Millionen für eine aufwändige Werbekampagne aus, bevor das Auto überhaupt fertig ist. Der Erfolg gibt den Münchnern Recht – aus dem Stand heraus wird der 2001 präsentierte neue Mini von den trendigen Großstädtern als Statussymbol anerkannt.

Beinahe gleichzeitig liefert sich BMW eine Übernahmeschlacht mit Volkswagen um die ebenfalls britischen Marken Rolls-Royce und Bentley. Am Ende teilen sich die beiden deutschen Hersteller den Kuchen und retten damit zwei weitere Automobillegenden vor dem Untergang. Der unter VW-Regie entwickelte Continental GT (ab 2003) verkauft sich besser als jeder Bentley zuvor, und Rolls-Royce startet mit BMW-Hilfe mit einem neuen Werk und dem neuen Phantom (ab 2003) durch. In sogar noch höheren Regionen bewegt sich DaimlerChrysler bei der Wiedergeburt der Nobelmarke Maybach (2002). Unter 400.000 Euro geht hier gar nichts.

Neben Bentley übernimmt Volkswagen auch die französische Sportwagenmarke Bugatti. VW-Konzernchef Ferdinand Piech hat das ehrgeizige Ziel, die erste Neuentwicklung zum schnellsten Serienauto aller Zeiten zu machen. Das Resultat ist der Veyron 16.4, dessen 16-Zylindermotor mit 1001 PS eine Höchstgeschwindigkeit von 407 km/h ermöglicht (2005).

Derartige Höhenflüge können allerdings nicht die Schieflage verhindern, in die die Automobilindustrie als Folge der Wirtschaftskrise gerät. In Deutschland wird mit einer sogenannten Abwrackprämie (2009) gegengesteuert. Wer ein altes Auto verschrottet, erhält vom Staat 2500 Euro für den Kauf eines neuen. Plötzlich können sich vor allem die Händler von Klein- und Mittelklassewagen vor Aufträgen kaum retten.

In den 1980er Jahren bis zu ihrem Ende 1996 war die Deutsche Tourenwagen-Meisterschaft nach der Formel 1 die weltweit bedeutendste Motorsportserie. 2000 feiert sie ein Comeback mit neuem Reglement. Die Autos erinnern nur äußerlich an viertürige Großserienlimousinen, unter der Karosserie steckt Hightech pur (Chassis aus Kohlefaser, V8-Rennmotor mit rund 500 PS). Mercedes und Audi heißen die Konkurrenten, beide sichern sich die Dienste berühmter Piloten. So greifen Ex-Formel-1-Weltmeister Mika Häkkinen und Ralf Schumacher ins Lenkrad einer C-Klasse, F1-Kollege Heinz-Harald Frentzen geht in einem A4 an den Start. Mit diesem Konzept wird die DTM wieder zum Publikumsmagnet. Und das trotz des weiter anhaltenden Formel-1-Fiebers mit einem siebenmaligen Weltmeister Michael Schumacher und zeitweise fünf deutschen Grand-Prix-Piloten.

Eine neue Luftqualitätsrichtlinie der Europäischen Union schreibt vor, dass die Feinstaubbelastung in Städten bestimmte Grenzen nicht überschreiten darf. Das ist allerdings in den meisten europäischen Großstädten der Fall. Als Übeltäter werden die Abgase von Autos und Lkw ausgemacht. Den größten Umweltsündern unter ihnen die Einfahrt in die Innenstädte zu verbieten, ist die logische Gegenmaßnahme. In Deutschland werden ab 2007 alle Fahrzeuge in vier Kategorien eingeteilt, die ihren Abgasen entsprechende sogenannte Umweltplaketten verpasst bekommen. Nach dem Ampelsystem kennzeichnet Grün die saubersten Autos, über gelb und rot reicht die Skala bis zu überhaupt keiner Plakette. In einige Innenstädte dürfen ab 2008 Fahrzeuge ohne Plakette nicht mehr einfahren. In der Folge werden die Vorschriften für die Umweltzonen schrittweise verschärft, ab 2010 ist z. B. in Frankfurt/Main mindestens die gelbe Plakette Pflicht, ab 2012 ist nur noch der grüne Aufkleber zulässig.

Wie stark sich die Automobiltechnologie innerhalb von fünf Jahrzehnten verbessert hat, verdeutlichen fünf Zahlen: 1960 kommen in der Bundesrepublik Deutschland bei einem Bestand von 4,5 Millionen Fahrzeugen erschreckende 14.400 Menschen bei Verkehrsunfällen ums Leben, 1970 sind es sogar über 21.000. Im Jahr 2009 sind über 41 Millionen Pkw und Wohnmobile in Deutschland zugelassen, die Zahl der Verkehrstoten sinkt dennoch auf einen historischen Tiefstand von knapp über 4000.

Dass Autoabgase die Umwelt belasten, ist unbestritten. Außerdem ist Erdöl – und damit Benzin bzw. Diesel – nicht unendlich vorhanden. Anfang des 21. Jahrhunderts sucht die Industrie deshalb verstärkt nach alternativen Antrieben. Sogenannte Hybridfahrzeuge, bei denen Elektromotoren den Verbrennungsmotor unterstützen, werden als erster Schritt in eine abgasfreie Zukunft gesehen. Dass Elektroantriebe durchaus Spaß machen können, beweist die amerikanische Firma Tesla. Ihr auf einem Lotus basierender, ausschließlich elektrisch fahrender Roadster hat 252 PS (2006) und ist damit schnell wie ein Sportwagen – er beschleunigt in weniger als vier Sekunden auf 100 km/h, seine Höchstgeschwindigkeit ist auf 201 km/h begrenzt. Eine weitere Alternative zeigt BMW auf. 2006 fahren die ersten 7er, die mit Wasserstoff angetrieben werden. Aus dem Auspuff kommt lediglich Wasserdampf.

VW Golf GTD

Stückzahl 250.000 500.000 750.000 1.000.000 1.500.0

Diesel-Fahrzeuge:

Die mit dem Sprit knausern

PLATZ 1

VW Golf IV / V / VI / Golf Plus / Bora IV / V

Spitzenreiter unter den Fahrzeugen mit Dieselmotor ist der Bestseller schlechthin, der Golf bzw. Bora. Ab 1999 setzt VW mit dem Kürzel TDI auf Direkteinspritzung (zunächst Pumpe-Düse-System, später Common-Rail). Die Anfänge sind mit 115 PS (Durchschnittsverbrauch 5,1 Liter/100 km) noch bescheiden, im Laufe der Jahre und Modellgenerationen klettert die Leistung auf 170 PS beim Golf GTD (Verbrauch 5,3 l/100 km) der sechsten Generation (ab 2008). Start-Stopp-Automatik und Bremsenergie-Rückgewinnung drücken den Verbrauch noch weiter.

Wussten Sie schon?

Beim Golf VI verwendet VW ausschließlich die Commonrail-Direkteinspritzung (zuvor auch Pumpe-Düse-System).

2.000.000 | 2.500.000 | 3.000.000 | 3.500.000 | **ca. 745.000**

VW Passat (B6)

PLATZ 2

VW Passat (B5 / B6)

Als bei Langstreckenfahrern beliebtes Fahrzeug verkauft sich der Passat besonders in der Kombiversion beinahe ausschließlich mit Dieselmotor. Die Triebwerksvarianten entsprechen weitgehend dem Golf, nur im Passat (Generation B5, 1996 bis 2005) gibt es allerdings einen 2,5-Liter-Sechszylinder mit 150 PS. Ab 2008 (Passat B6) wird die von VW lange bevorzugte Direkteinspritzung nach dem Pumpe-Düse-Prinzip schrittweise durch Common-Rail-Technik ersetzt. Ein Rußpartikelfilter ist nun serienmäßig an Bord.

Wussten Sie schon?

Beim Passat 2.0 TDI BlueMotion wird der Verbrauch u. a. durch Leichtlaufreifen weiter gesenkt.

2.000.000 2.500.000 3.000.000 3.500.000 **ca. 615.000**

LORSETTO
LORSETTO
IN A 4002

Audi A4 (B8)

Stückzahl
250.000
500.000
750.000
1.000.000
1.500.00

PLATZ 3

Audi A4 (B6 / B7 / B8)

Audi bietet für den A4 neben den von VW bekannten Motoren auch einen V6-Turbodiesel an, der in der Generation B6 je nach Version 155 bis 180 PS leistet. Beim Nachfolger B7 (ab 2004) können Kunden sogar einen 3,0-Liter-V6 mit bis zu 233 PS wählen. Der bisher verwendete 1,9-Liter-Vierzylinder weicht einem 2,0-Liter-Vierzylinder (140 oder 170 PS). Der 2,5-Liter-V6 wird durch eine Variante mit 2,7 Litern Hubraum (180 PS) ersetzt. Bei der Generation B8 (ab 2008) steigt die Leistung dieser beiden Motoren auf 240 bzw. 190 PS).

Wussten Sie schon?

Beim 3.0 TDI clean diesel wird durch den Kraftstoffzusatz AdBlue der umweltschädliche Stickoxidausstoß stark reduziert.

2.000.000 2.500.000 3.000.000 3.500.000 **ca. 480.000**

PLATZ 4

BMW 3er (E46 / E90)

Selbst eine sportlich orientierte Marke wie BMW verkauft von manchen Modellen etwa die Hälfte mit Turbodiesel-Triebwerk. Beim E46 (ab 1998) hat das Einsteigermodell 116 PS, der 330d läuft mit 204 PS bis zu 242 km/h. Beim Nachfolger E90 (ab 2005) legt BMW kräftig nach, schon das Basismodell 320d hat 177 PS. Neuer Topmotor ist ein 3,0-Liter-Sechszylinder mit Doppelturbolader, der bis zu 286 PS leistet. Damit beschleunigt der 335d in 5,9 Sekunden von null auf 100 km/h. Bei 250 km/h ist elektrisch abgeregelt Schluss.

ca. 380.000

PLATZ 5

VW Touran (GP / GP2)

Mit dem bis zu siebensitzigen Touran (ab 2003) kommt Volkswagen bei Familien mit hohem Platzbedarf groß raus. Seit 2004 ist er meistverkauftes Auto in der Minivan-Kategorie. Die Technik stammt weitgehend vom Golf, darunter auch die Dieselmotoren (90 bis 170 PS). Abgesehen von den jeweiligen Basisversionen sind alle Turbodiesel mit dem Direktschaltgetriebe (DSG) kombinierbar. Ab 2007 steht der Rußpartikelfilter als Option zur Verfügung, bei der zweiten Modellgeneration (GP2, ab 2010) gehört er zur Serienausstattung.

ca. 350.000

PLATZ 6

Mercedes-Benz C-Klasse (W 203 / W 204)

Mercedes setzt bei den Dieselmotoren der C-Klasse-Generation W 203 drei verschiedene Konzepte ein: Reihen-Vierzylinder (102 bis 150 PS), Reihen-Fünfzylinder (170 PS) und V6 (224 PS). Beim Nachfolger W 204 entfällt der Fünfzylinder, Partikelfilter sind bei Vierzylinder (120 bis 204 PS) und V6 (224 und 231 PS) nun Serie.

ca. 345.000

ca. 340.000

PLATZ 7 Mercedes-Benz E-Klasse (W 210 / W 212)

Bei der E-Klasse der Generation W 210 verwendet Mercedes ebenfalls Vier-, Fünf- und Sechszylinder-Triebwerke (bis 197 PS), allerdings alle in Reihenbauweise. Beim W 211 (ab 2002) kommt ein V8 mit bis zu 314 PS hinzu. Beim W 212 (seit 2009) sind es ausschließlich Vierzylinder-Reihen- und V6-Motoren (136 bis 265 PS). Der V6 erfüllt als BlueTec bereits Euro 6.

ca. 300.000

PLATZ 8 Audi A6 (C5 / C6)

Beim A6 der Generation C5 (ab 1997) beschränkt sich Audi auf einen 1,9-Liter-Vierzylinder (110 bis 130 PS) und einen 2,5-Liter-Fünfzylinder (150 bis 180 PS). Beim Nachfolger A6 C6 (seit 2004) hat der Vierzylinder (136 bis 170 PS) zwei Liter Hubraum. Alternative ist nun ein V6 mit 2,7 oder 3,0 Litern Hubraum (180 bis 240 PS).

ca. 260.000

PLATZ 9 BMW 5er (E39 / E60 / F07)

Bei der Generation E39 (ab 1995) spielen die Diesel noch eine Nebenrolle. Dies ändert sich beim E60 (ab 2003), der mit einem 2,0-Liter-Vierzylinder (163 bzw. 177 PS) und mit zwei Sechszylindern mit 2,5 Litern (177 PS) oder 3,0 Litern Hubraum (bis 286 PS) angeboten wird. Das aktuelle Modell F07 (seit 2009) gibt es nur mit Sechszylindern von 245 bis 300 PS.

ca. 235.000

PLATZ 10 Audi A3 (8L / 8P)

Der Audi A3 teilt sich die Technik weitgehend mit dem VW Golf. Die erste Generation 8L (ab 1996) gibt es nur mit dem 1,9-Liter-TDI (90 bis 130 PS). Beim Nachfolger 8P (seit 2003) besteht die Wahl zwischen Turbodiesel-Triebwerken mit 1,6 Litern (zunächst 105 PS, seit 2009 auch mit 90 PS) oder 2,0 Litern Hubraum (zunächst 140 PS, seit 2006 auch mit 170 PS).

Peugeot 207 CC

Stückzahl 25.000 50.000 75.000 100.000 125.000

Cabriolets:
Open-Air-Ableger

PLATZ 1

Peugeot 206 CC / 207 CC

Peugeot hat bereits 1934 (im 402 Eclipse) das versenkbare Stahldach erfunden. Mehr als 60 Jahre später ist der Urenkel 206 CC (gebaut von 2000 bis 2007) zeitweise das meistverkaufte Cabriolet in Deutschland. Neben den Benzinern (109 bzw. 139 PS) findet der für ein Cabriolet ungewöhnliche Turbodiesel (109 PS) erstaunlich breiten Anklang. Ab 2007 setzt der etwas größere Nachfolger 207 CC diese Erfolgsstory fort. Er wird mit Turbodieseln mit 90 bzw. 109 PS (ab 2010 mit 93 bzw. 112 PS) und Benzinern zwischen 120 und 150 PS angeboten.

Wusstest Sie schon?

Der 206 CC verkauft sich so gut, dass anfangs lange Lieferfristen entstehen – einmalig für Peugeot.

150.000 | 175.000 | 200.000 | 225.000 | **ca. 106.000**

Mercedes-Benz SLK (R 171)

Stückzahl 25.000 50.000 75.000 100.000 125.00

PLATZ 2

Mercedes-Benz SLK (R 170 / R 171)

Technisch eigenständige Cabriolets sind selten geworden im 21. Jahrhundert. Die meisten Modelle basieren auf Großserienlimousinen. Zu ersterer Kategorie zählt auch der SLK. Großer Vorteil des SLK (erste Generation ab 1996, siehe Seite 169): Dank Stahldach ist er ganzjahrestauglich. Die zweite Generation (ab 2004) kann auch bei kaltem Wetter offen gefahren werden – die Heizung bläst warme Luft auch aus den Kopfstützen (Airscarf). Die Motorenpalette umfasst ausschließlich Benziner und reicht von 163 PS bis zu deren 400 im SLK von AMG mit Achtzylinder.

Wussten Sie schon?

Das markante Design der SLK-Front soll an den Spoiler eines Formel-1-Wagens erinnern.

150.000 175.000 200.000 225.000 **ca. 105.000**

BMW 3er Cabrio

PLATZ 3

BMW 3er Cabrio (E46 / E93)

Ab 2000 ergänzt ein Cabriolet die 3er Baureihe E46, von dem es auch eine M-Version mit 343 PS gibt. Wie bei BMW üblich, erfolgt beim Cabriolet der Generationswechsel (2007) einige Zeit nach der Limousine. Das aktuelle 3er Cabriolet (E93) verfügt erstmals über ein versenkbares Stahldach. Topmodell bleibt die M-Version, jetzt aber mit 420 PS starkem V8.

Wussten Sie schon?

Das M3 Cabrio ist mit seinem 420-PS-Achtzylinder das stärkste offene 3er-Modell.

150.000 175.000 200.000 225.000 **ca. 72.000**

PLATZ 4

Opel Astra Cabriolet / TwinTop

Das Cabriolet der Astra-Baureihe G (gebaut 2001 bis 2005) verfügt über ein klassisches, elektrisch betätigtes Stoffverdeck. Das Design stammt von Bertone, die italienische Firma übernimmt auch die Serienfertigung. Mit dem Modellwechsel zur Generation H (2006) stellt Opel auf ein Stahlklappdach um, der Name wird gleichzeitig in Astra TwinTop geändert. Zur Wahl stehen drei Benziner (115 bis 180 PS) und ein Turbodiesel (150 PS). Mit dem OPC-Paket erhält der Astra TwinTop u. a. Seitenschweller und einen Heckspoiler.

ca. 57.000

PLATZ 5

Mazda MX-5 (NB / NC)

Im Jahr 2000 überarbeitet Mazda den MX-5. Der 1,9-Liter-Vierzylinder leistet nun 146 PS. 2005 wird die nächste Generation (NC) des Zweisitzers vorgestellt, die es zusätzlich zum traditionellen Stoffverdeck auch mit einem klappbaren Kunststoff-Hardtop gibt. Motorenseitig stehen nun zwei Benziner mit 1,8 Litern (126 PS) oder 2,0 Litern Hubraum (160 PS) zur Wahl. 2009 erhält der MX-5 ein Facelift.

ca. 43.000

PLATZ 6

Audi TT Roadster (8N / 8J)

Charakteristisch für die erste Generation des TT Roadster (150 bis 250 PS) sind die Ledersitze mit kräftigen Nähten im Stil eines Baseballhandschuhs. Seit 2007 ist die wiederum technisch mit dem Coupé (siehe Seite 217) identische Baureihe 8J auf dem Markt. Angeboten werden auch zwei Sportversionen: TTS mit 272 PS (ab 2008) und TT RS mit 340 PS (ab 2009).

ca. 37.000

ca. 36.000

PLATZ 7 VW Eos

Der Eos, der technisch auf Passat und Golf basiert, wird 2006 präsentiert. Der Viersitzer wird ausschließlich mit Stahlverdeck gebaut, in das erstmals ein Glasschiebedach integriert ist. Zur Wahl stehen Benziner mit vier Zylindern (122 PS bis 210 PS) oder als V6 (250 PS, ab 2009 mit 260 PS) sowie ein Turbodiesel (zunächst Pumpe-Düse-System mit 140 PS, ab 2009 als gleichstarker Common-Rail-Motor).

ca. 30.000

PLATZ 8 Audi A4/S4 Cabrio (B6 / B7)

Die Cabrioletversion der A4-Generation B6 (ab 2002) wird bei Karmann gebaut. Auch beim Nachfolger B7 (gebaut von 2006 bis 2009) bleibt Audi dem Stoffverdeck treu. In beiden Baureihen gibt es auch die Sportversionen mit V8-Motor. Der S4 hat 344 PS, der RS4 (nur B7) sogar 420 PS. Durch ein Facelift 2007 werden u. a. die Scheinwerfer überarbeitet.

ca. 29.000

PLATZ 9 Mini Cabriolet (R52 / R57)

Ab 2004 gibt es vom neuen Mini auch ein Cabriolet. Der Viersitzer mit Stoffverdeck und Klappdeckel am Kofferraum ist technisch weitgehend identisch mit der Limousine (siehe Seite 205), von der auch die Benzinmotoren (90 bis 170 PS) übernommen werden. 2009 kommt der Nachfolger (R57), der wieder nur mit Benzinern (120 bis 211 PS) angeboten wird.

ca. 22.000

PLATZ 10 MCC Smart Roadster

Nur drei Jahre lang (2003 bis 2005) baut Smart auch einen zweisitzigen Roadster. Er verwendet den 700-Kubikzentimeter-Dreizylinder des Smart ForTwo (siehe Seite 158). Zur Wahl stehen zwei Leistungsvarianten mit 61 oder 82 PS. Tuner Brabus entwickelt außerdem eine 101-PS-Version. Die Kunden können sich zwischen Stoffverdeck und Hardtop entscheiden.

OPEN

3
H3 - 1
OPEN

IN A 4001

Fotonachweis

Alfa Werksarchiv: 58, 61, 223
Audi AG/Audi Tradition: 10, 16, 28, 33, 51, 67, 90, 109, 112, 130, 134, 141, 154, 158, 163, 173, 192, 209, 213, 216, 223, 231, 241, 249, 252
BMW AG: 34, 39, 60, 71, 72, 82, 90, 113, 114, 123, 132, 138, 162, 170, 188, 206, 212, 220, 222, 228, 230, 240, 241, 248, 249, 254,
Bugatti: 232
Citroën: 27, 58
Dieter Rebmann: 78, 120, 172, 218
Fiat: 22, 30, 54, 66, 92, 98, 106, 108, 146, 173, 201
Ford: 20, 21, 50, 65, 76, 90, 102, 123, 141, 157, 158, 193
GM: 18, 20, 38, 40, 44, 46, 50, 73, 74, 86, 91, 104, 115, 118, 136, 140, 152, 165, 166
Honda: 99, 149, 223, 231
Jaguar: 223
Jeep: 181
Jörg Hajt: 14, 62, 64
Jürgen Schlegelmilch: 32, 35, 232
KIA Motors: 231
Land Rover: 61, 181
Mazda: 59, 94, 99, 148, 149, 158, 172, 222, 249
Mercedes-Benz AG Konzernarchiv: 21, 36, 42, 51, 60, 61, 68, 70, 79, 91, 108, 111, 122, 129, 141, 150, 158, 160, 164, 168, 172, 180, 182, 192, 193, 210, 214, 224, 240, 241, 246, 250
Mitsubishi Konzernarchiv: 99, 107, 124, 151, 178
Nissan: 59, 128, 158, 180, 222, 230
Peugeot: 26, 58, 80, 98, 107, 200, 201, 242
Porsche AG: 28, 123, 123, 173, 222
Renault: 24, 98, 109, 123, 142, 144, 149
Renault: 52, 94, 99, 106, 107, 123, 148, 149, 194, 200, 201, 209
Seat: 149
Simca: 25, 56
Skoda: 196, 198
Smart: 158, 202, 248
Suzuki: 126
Suzuki: 174
Toyota: 59, 96, 127, 150, 181, 200, 201, 204, 226
VW Volkswagen AG: 12, 29, 48, 51, 77, 84, 88, 91, 100, 107, 116, 122, 140, 141, 151, 158, 173, 186, 190, 193, 209, 215, 230, 231, 234, 236, 240, 244, 256

5 km

GOLF
WOB GO 210